品讀文化

為了使進步的空間最大化，就必需給予員工最大的包容。

顧客是上帝，員工就是上帝他爹

Customers or Employees: Who Comes First?

老闆們好像都忘了一件事。

表面上好像是老闆把員工吃得死死的，
可是老闆們的「財神爺」——客戶，
卻在員工手裡抓得牢牢的呢！

每天和客戶們直接打交道的是員工，
在這場博弈中，老闆才是真正的弱勢。

「員工滿意度」比「顧客滿意度」重要。
只有員工先滿意了，顧客才會滿意。

李翔生◎編著

永續圖書線上購物網　讀品文化事業有限公司

WWW.foreverbooks.com.tw　yungjiuh@ms45.hinet.net

全方位學習系列 48

顧客是上帝，員工就是上帝他爹

編　著　李翔生
出版者　讀品文化事業有限公司
執行編輯　林美娟
美術編輯　林子凌

腾讯读书 BOOK.QQ.COM　华夏原创网

本書經由北京華夏墨香文化傳媒有限公司正式授權，同意由讀品文化事業有限公司在港、澳、臺地區出版中文繁體字版本。
非經書面同意，不得以任何形式任意重制、轉載。

總經銷　永續圖書有限公司
TEL／(02)86473663
FAX／(02)86473660
劃撥帳號　18669219
地　址　22103 新北市汐止區大同路三段 194 號 9 樓之 1
TEL／(02)86473663
FAX／(02)86473660
出版日　2014年02月

法律顧問　方圓法律事務所　涂成樞律師
CVS代理　美璟文化有限公司
TEL／(02)27239968
FAX／(02)27239668

國家圖書館出版品預行編目資料

顧客是上帝,員工就是上帝他爹 / 李翔生編著.
-- 初版. -- 新北市 : 讀品文化, 民103.02
面 ; 公分. -- (全方位學習 ; 48)
ISBN 978-986-5808-37-2(平裝)
1.人事管理
494.3　102026700

前言

— Foreword —

齊桓公在任命管仲爲宰相之前，曾經徵求臣下們的意見，讓同意的人站左邊，不同意的人站右邊。最後唯獨東郭牙站在中間。

齊桓公不解，問之。

東郭牙說：「您因爲管仲具備平定天下的能力與成就大事的決斷力，所以不斷增擴他的權力。難道您不認爲，在這樣的情況下，他同時也是一個危險人物嗎？」

齊桓公沉默了一會兒，最後點頭。後來便開始任用鮑叔牙等人牽制管仲。

這個故事告訴我們，管理本身就是一個詭計。首先，管理者要懂得分權，要像齊桓公那樣敢於分給管仲相當的權力。其次，除了分權之外，還要同時讓各方權力中心彼此產生制衡，也就是要防止小眾集權的現象。

管理者應明白，權力一旦不受制約，就必然產生腐敗。設法在下屬之間形成權力制衡的關係，就是防止少數人專斷而產生腐敗的訣竅。

管理說得光明點，就是用人成事的藝術，管理者只有善於發現賢能之士而授之以權，使之各負其責，各盡其能，各展所長，才能成就一番事業。但這句話說得簡單，做起來可沒那麼順利。

說穿了，管理多少還是得要點詭計。為了保持繁榮發展，必需製造出可控管的衝突；為了使進步的空間最大化，就必需給予出格行為最大的包容。因為，大家都知道的——衝突才會帶來進步，出格可以引領創新。關鍵就在於，面對不同的人、事、物、背景時，其中那微妙的平衡點，到底會落在哪裡。

Chapter. 10

授權不只是「下放權力」那麼簡單

Chapter. 11

大權v. s. 小權

Chapter. 15 信任帶來新幸福

Chapter. 16 鬼點子帶來好未來

Chapter. 22

記住名字就是邁向成功的第一步

「動口不動手」才是好主管

許多管理者，可能只是懷著「身先士卒」的心理，或者爲了彰顯自己比別人強，因而總是喜歡替下屬想辦法、拿主意。沒錯，不是「出」主意，而是「拿」主意。別小看這一字之差，其中含義可是大有玄機。

「出」主意，是幫助員工想辦法，以啓發員工爲主要目的，並且用的是商量的語氣，比如：「這件事換成這個方式是不是更好一些？你不妨往這個方向思考一下，也許效果更好？」

而「拿」主意，則是直接替員工想出辦法做出決定了，員工沒什麼需要思考的地方，基本上全是主管一個人的獨角戲。

有位主管，一向自認腦子轉得很快，總是能夠靈機一動，計上心來。因此，每當他交代工作給下屬，或當員工遇到困難來找他的時候，他總是情不自禁地將自己的主意和盤托出，而且還會一一針對他能夠想到的所有細節作出詳細指示。所以，跟著這樣的主管做事，下屬工作起來分外輕鬆，這位主管也因此在員工中頗有人氣。

但時間久了，他就發現一個嚴重的問題——下屬向他問計的次數實在太過於頻繁，幾乎完全喪失主動思考的能力，並且也讓他每天疲於應付。經過一段時間的觀察和反思，他終於明白了一個道理——與其直接把辦法告訴員工，不如啟發他們自己去尋找辦法，所謂「授人以魚，不如授人以漁」。

從此，他決定狠下心，哪怕員工搞砸事情，也要強迫他們自己想辦法，自己主動做事。他也做好了心理準備，要當一個「只說話、不作事」的主管。

自那天起，每當員工又來找他想辦法時，這位主管總是對他們說：「對不起，我腦子裡一片空白，真的不知道該怎麼做。但我相信你一定比我聰明，我給你一個晚上的時間，相信到明天上午你肯定能夠想出十個辦法來。我唯一要做的事情，就是從這十個辦法裡挑一個出來交給你去執行。」

如此「不負責任」了一段時間後，他的員工逐漸擺脫了依賴，遇到問題也能夠自己動腦筋了。員工們對此感到很有成就感，而且自我感覺越來越良好。大家都越發顯得意氣風發，充滿自信。

對此，這位主管看在眼裡，喜在心頭。雖然大家在工作中或多或少依然存在著不足，但為了維護團隊的信心，他總是儘量小心翼翼地輔導大家，並且非常樂於做做打雜之類的助手工作。

雖說他的角色從主角變成了配角，但他一點都不覺得失落，反而因為突然間從忙人變成了閒人，他樂得可以利用難得的閒暇去做更多的觀察、更多的思考、更多的「細節管理」。

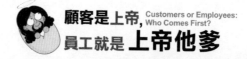

實際上，逼下屬自己去想辦法也是一種「育人之術」。育人本就是管理者義不容辭的責任，這件事本身就是一項重要的工作。一個不想育人或不會育人的管理者，絕對是一個不稱職的管理者。

看著自己花心思培養出來的人在舞台上大放異彩，那種興奮和欣慰，比起自己在舞台上承接所有的榮耀，其實更有成就感。許多管理者之所以不想讓下屬搶了自己的風頭，都是因爲沒有享受過這種育人的快樂罷了。

「緊握」與「放手」

「無爲而治」這四個字，顧名思義就是以幾乎不做事的方法，達到做事的目的。這四個字用在管理工作中，其實就是要求管理者懂得放手，儘量避免事必躬親。

但是，在現實的企業管理過程中，很多掌權者總是過分地追求忙碌，似乎只有不斷地忙，並且忙到不可開交的程度，才會感到生活踏實，企業前景可期，心理才有安全感。

當然，勤勞並沒有錯，勤勞致富的理論也沒有錯。問題是「勤勞並不一定等於忙碌，這是兩碼事。一個企業不能夠全是忙人，因爲忙會帶來亂，而亂則會導致效率低下。

人一忙起來，注意力就會過於集中，視野變窄，只知道埋頭拉車而不知道抬頭看路，終於導致忽略掉大局以及各種事物之間的關係，造成大量資源的浪費。所以企業裡高層的「閒人」非常重要，他們的工作就是靜靜地觀察與思考，站在比基層更高的角度思考問題，協調各種事物間的關係，從而確保大局。這恰恰是管理者的本職。這種閒人，一個小時的工作成果，效率可能抵得上十個忙人一個星期的工作成果。

有一家企業老闆經常氣憤地抱怨：「這些員工都是懶鬼，執行力極差，所有的事情我都得自己來。」

剛開始這位老闆的抱怨還可以博得很多同情。可是慢慢地，大家都發現了其中的原因。原來，這位老闆對手下極度缺乏信任，總覺得員工會占他的便宜，所以就算把工作安排好了，也都不能放心，非要自己掌握所有細節才行。而手下的人也很清楚老闆的個性，所以不管做什麼，每一小步都要向老闆請示，得到老闆首肯才敢走下一步。如此一來，漸漸地越來越沒人敢大膽主動地做事了，反正做得再多也沒用，老闆一句話就得「砍掉重練」，純粹吃力不討好。

於是，辦公室裡經常出現這樣的畫面——老闆忙得一頭汗，員工們卻因為都在等老闆作決定，而顯得無所事事。畢竟老闆只有一個人，哪裡能兼顧到那麼多事情！而且細節這麼多，哪怕老闆自己曾經交代過，也早就忘到腦後去了。如此一來，效率不彰，員工到最後還是會遭受老闆的一頓臭罵：「你們都不會自己思考一下嗎？怎麼每件事都非要我自己來？養這一大幫人有什麼用？」

還有一個例子。

某家美國品牌經銷店的分店經理，因為他所負責的店以超出其他分店幾倍的經營業績在業界享有超高名氣，所以這位經理受邀到全國各地去進行相關業務與管理的培訓。他也靠著在各地演講賺了大筆外快。

原來這位經理的經營理念就是典型的「無為而治」，他平均一個月才在店裡待幾天，而且主要是處理一些瑣事，其他的時間都不務正業地在各地巡迴講課賺外快。

但這並不意味著這位經理什麼都不用管就能把店經營好，有一些重要的環節他絕不會有絲毫的放鬆，尤其對中階幹部的培養與任用，就耗費了他大量的心血，對公司的規則，也是嚴格把關。每天中階幹部都會將當天的資料發送到他的電子信箱，由他來做判斷與指導。

用他自己的話說：「我只是替中階幹部們打打雜，幫幫忙而已」。

這兩個案例可以反映出「緊握」與「放手」對於管理者的重要性。該「緊握」的是什麼？是那些基本的框架、規則、核心的事物。該「放手」的又是什麼？是那些具體的事物，具體的執行。

而且所謂「放手」也不是放著不管，而要去關注執行的過程，偶爾在旁邊出出主意，這才是一個稱職的管理者。

既然員工每個月都會領到薪水，不讓他們做事才是真正的吃虧，所以有些東西該放就放，別總是擔心出亂子。就算老闆抓著不放，全盤都得親自把關，亂子還是會照出不誤，或許還不只是小亂子而已。

抽身出來吧，別再瞎忙了

我們經常會看到兩種類型的主管：第一類主管每天都很忙碌，大事小事都親力親爲；第二類主管每天看起來都很閒，偶爾會到辦公區域視察一下，但多半都是坐在自己辦公室裡喝咖啡。大部分人都會認爲第一類主管是好主管，其實不然。

傑克・韋爾奇在談到人們的忙碌與閒適時說：「有人說他一週工作九十個小時，我會說他完全錯了。寫下二十件每週讓你忙碌九十小時的工作，仔細審視後，你將會發現其中至少有十項工作是毫無意義的——或者說，是可以請人代勞的。」

在剛開始進入職場時，我們必然事事親力親爲，如果一不注意，就會養成事必躬親的習慣。人們工作忙碌、混亂、效率低下的重要原因就是不懂得合理授權，結果導致自己無法將精力集中在最重要的事情上。

管理大師史蒂芬•柯維認爲，無法做到合理授權，是多數中階幹部工作效率低下的主要原因。柯維博士說：「許多大小公司的企業主或部門主管，早已被各式各樣的資訊、文件、會議壓得透不過氣來，幾乎任何一項請求都需要審閱、批示、簽字，他們爲此被搞得頭昏眼花，根本無暇去思考重大決策，在董事會議上他們很可能就是最無精打采的一群人。」

柯維博士認爲，工作效率不高就是因爲被瑣事拖住了後腿。

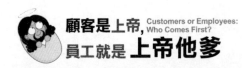

查理斯是紐約一家電氣分公司的經理。他每天都要應付成百上千份的檔案，這還不包括臨時送到他桌上的文件，諸如：海外傳來的最新商業資訊。他經常說，要是能再多添一雙手，再多一個腦袋就好了。他明顯地感到自己疲於奔命，並曾考慮過找一個助手來幫助自己。還好他及時打住了這樣的妄想，因為這樣做的結果只會在自己的辦公桌上再多一份報告而已。公司裡人人都知道權力掌握在他的手裡，每個人都在等著他下達正式指令。查理斯每天一走進辦公大樓，就被等在電梯口的職員團團圍住，直到他終於走進自己的辦公室時，已是滿頭大汗。

實際上，這都是查理斯自己替自己製造來的麻煩。既然他是公司的最高負責人，那他的職責只應限於有關公司全域的工作。下屬各部門本來就該各司其職，這樣他才能夠有足夠的時間去考慮公司的發展、財務、董事會、人員的聘任和調動……等等。

有一天查理斯終於忍受不住了，他把所有的人關在電梯和自己的辦公室外面，把所有無意義的檔案拋出來，要屬下們自己去拿主意。又告訴祕書，所有遞交上來的報告都必需經過篩選後再送交，總數不能超過十份。剛開始，祕書和屬下都很不習慣。他們已經養成了奉命行事的工作方式，而今卻要自己拿主意，真有點不知所措。

但這種混亂並沒持續多久，公司就開始有條不紊地運轉起來，屬下的決定總是及時又準確。公司不但沒有出現差錯，相反的，經常性的加班現在也不再發生了，只因為真正各司其職之後，工作效率大幅提高。查理斯也有了讀小說、看報、喝咖啡、進健身房的時間，他感到愜意極了。直到現在，他才真正體會到自己是公司的主管，而不是包山包海的老媽子。

舉重若輕，才是管理者正確的工作方式。舉輕若重，則會讓自己越陷越深，把時間和精力浪費在許多毫無價值的決定上面。這樣的領導方式，根本無法推動公司的發展，更無法爭取計畫的實現。

高效率的祕訣之一就是授權，將工作交給別人做，使我們從實際操作者轉而爲管理者，從自己動手變成了控制其他人去行動。可惜，一般人多吝於授權，總覺得靠自己更省時省事。其實如果授權成功，我們所能得到的，將遠遠超過親力親爲。

《聖經》中的摩西就懂得透過其他人的幫助來完成更多的事。

當摩西帶領以色列人前往上帝答應他們的許諾之地時，他的岳父葉忒羅發現摩西工作過度，如果他繼續那樣下去，人們很快就會吃到苦頭了。

所以葉忒羅告訴摩西將這群人分為每組一千人；然後再細分每一百人一組；再將一百人分為兩組，每組各五十人；最後，將五十人再分成五組，每組各十人。然後葉忒羅要摩西告知每一組領袖，務必解決各組員所無法解決的問題。摩西接受了這一項建議，指示領導一千人的小組領袖們，只把他們無法解決的問題告訴摩西就好了。

自從摩西聽了葉忒羅的建議後，他終於能夠把時間全部放在真正重要的問題上，也就是只有他才有能力處理的事情。

簡單地說，葉忒羅教導摩西的是如何去領導追隨者。所有工作的完成，都是從最基層的人首先開始動手做起的。

如果我們希望能減少自己工作的複雜度，同時又能完成更多的工作，授權是一項必需的技能。管理者只有把責任分配給其他成熟老練的員工，才有餘力從事更高層次的活動。

沒有表現空間，就沒有發現好員工的機會

很多管理者都會犯這樣的毛病：總是把員工牢牢地抓在手裡，員工的一舉一動都要盡在掌握，恨不得可以拴在腰帶上隨時看管。

其實，只要給出足夠的發展空間，就能使員工充分發揮潛力，從而提高工作效率。此外，這樣的作法還能帶給員工更整體的工作方式，更充實的責任感，以及對自我工作能力的肯定，使得企業和個人達到雙贏境界。

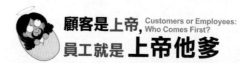

聯邦快遞成功的重要原因除了優秀的管理原則之外，更重要的就是他們對員工的重視。他們不僅恰當地表揚卓越的業績，同時也鼓勵員工樹立公

司形象。

世界各地每天總有許多商業人士願意花兩百五十美元，用幾個小時的時間去參觀聯邦快遞的營業中心和超級中心，目的是為了親身體會一下這個運輸業巨人如何在短短二十三年間從零開始，發展為擁有一百億美元，攻佔大量市佔率的行業領袖。

聯邦快遞創始人兼行政總監弗雷德・史密斯所採行的扁平式管理結構，不僅得以對員工授權賦能，而且也擴大了員工的職責範圍。與很多公司不同的是，聯邦快遞的員工總是敢於向管理階層提出疑問。他們透過公司公開保證的公平待遇流程，來處理跟主管之間無法解決的問題。聯邦快遞還耗資數百萬美元建立了一個聯邦快遞電視網路，讓分佈在全世界各地的管理階層及員工得以建立即時聯繫，這一點也充分體現了他們快速、坦誠、全面、互動式的交流方式。

一九九〇年代初，聯邦快遞準備建立一個針對亞洲提供服務的超級中心。負責亞太地區業務的副總裁J・麥卡提在蘇比克灣找到了一個很好的位址，但日本擔心聯邦快遞在亞洲的存在，會影響到自己的運輸業，因而不允許聯邦快遞經由蘇比克灣服務日本市場。這個問題對聯邦快遞內部而言，並不只是麥卡提自己能夠解決的問題，而必需協調各部門一起解決。於是聯邦快遞找來美國的法律顧問和政府事務副總裁聯手，終於獲得政府支持。與此同時，在麥卡提的帶領下，聯邦快遞也在日本當地發起一場轟動全日本的公關活動。這次活動十分成功，日本人很快就接受了聯邦快遞透過蘇比克灣連接日本的計畫。

聯邦快遞經常邀請客戶對服務提供評估，以便恰當地表彰員工的卓越業績。其中幾種比較主要的獎勵是：「祖魯獎」，超越公司標準的卓越表現都可以獲得獎勵；「開拓獎」，提供每日與客戶接觸、為公司帶來新客戶的員工額外獎金；「最佳業績獎」，團隊貢獻超出公司目標者，就可以獲得一筆現金；「金鷹獎」，由客戶或管理階層提名，並給予表揚；「明星／超級明星獎」，這是最佳工作表現獎，同樣可以獲得獎金。

在企業的日常管理中，人們可以明顯地感覺到，對員工而言「我指示你怎樣去做」與「我支持你怎樣去做」，兩者的效果是不同的。一個好的企業管理者，應善於啓發員工，允許員工自己出主意、想辦法，並且支持員工的創造性建議，隨時利用員工的智慧，把他們頭腦中所蘊藏的聰明才智挖掘出來。換句話說，就是鼓勵人人動腦，勇於創造。

沒有笨員工，只有笨主管

一位名叫希瓦勒的郵差，每天奔走在各個村莊間。有一天，他在崎嶇的山路上被一塊石頭絆倒了。他發現，絆倒他的那塊石頭樣子十分奇特，他拾起石頭，左看右看，有些愛不釋手。於是，他把那塊石頭放進郵包裡。

回到家後，他仔細端詳著令自己愛不釋手的石頭，突然產生一個念頭，如果用這些美麗的石頭建造一座城堡，會有多麼美麗！

二十多年後，在他偏僻的住處，出現了許多錯落有致的城堡，有清真寺式的、有印度神廟式的、有基督教式的……當地人都知道附近住著這麼一位固執又不多話的郵差，像小孩子一樣，每天樂此不疲地玩著撿石頭築沙堡的遊戲。

直到一九〇五年，美國波士頓一家報社的記者到此地採訪，偶然發現了這個城堡群，為之驚嘆不已，並寫了一篇介紹希瓦勒的文章。新聞刊出後，希瓦勒迅速成為新聞人物，許多人都慕名前來參觀他的城堡，連當時最有聲望的大師級人物畢卡索，也專程參觀了他的建築。

在眾人看來滿山遍野的石頭根本一文不值，但在郵差希瓦勒手上，竟奇蹟般地被締造成了城堡，增值幅度不可估量。這種價值上的巨大變化，該如何解釋呢？

在經濟學上，任何物品若要成爲擁有價值的商品，都必需具有可供人類使用的價值。一塊普通的石頭被人們用來建築房屋、修建公路的時候，它的使用價值很有限；可是當一塊石頭被賦予「願望」的標籤時，就變得很有價值了。這些「有願望的石頭」，在郵差二十多年的歷練下，被建築成錯落有致的城堡，不僅具有使用價值，還有了藝術欣賞價值。

這個故事與德尼摩定律有著異曲同工之妙。所謂德尼摩定律，就是每個人、每樣東西，都有一個它最適合的位置。落實到管理中，就是指管理者應讓企圖心較強的優秀員工去完成具有一定風險和難度的工作，並在目的完成時給予及時的肯定和讚揚。對於依附欲望較強的員工，則應該安排其加入團體共同工作，讓權力欲望較強的員工擔任與之能力相應的管理職位。同時要加強員工對企業目標的認同感，讓員工感覺到自己所做的工作是值得的，這樣才能激發熱情。

管理者若是誤將不善言辭的員工安排去參加展銷會；而頭腦裡新點子迭出的員工，卻被安排擔任財務工作……便會使得許多員工的優勢得不到發揮，不僅浪費了企業的人力、物力，還打擊了員工的積極性。

德尼摩定律的重要原則，就是將人安排在適合的位置上，達到人事相宜。這也是企業管理者最重要的管理法寶。

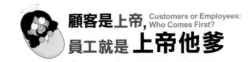

放對位置，才能讓人才發光

霍建寧和周年茂是李嘉誠手下的兩員大將。

李嘉誠發現霍建寧是一個策劃奇才，卻不是一個衝鋒陷陣的闖將。於是在一九八五年任命他為長江集團董事，兩年後升任為董事總經理，讓他在幕後操盤。外界稱霍建寧是一個「全身充滿賺錢細胞」的人，長江集團的每一次重大投資，股票發行、銀行貸款、債券兌換等，都是由霍建寧策劃或參與決策。為了發揮霍建寧的長處，李嘉誠較少派他出面主持談判之類的工作，而是給了他一副新的擔子，培育李氏二子李澤鉅、李澤楷。

另一方面，李嘉誠發現周年茂做事乾脆，口才很好，於是指定他為長實公司的代言人。周年茂表面上看起來像一位文弱書生，卻頗有大將風範，該進該棄，都能夠把握好分寸，這正是李嘉誠最放心的一點。

一旦管理者對員工的能力、興趣了然於胸，下一步要做的，就是針對某項特定工作選擇適合的人來做，使「人得其位，位得其人」。李嘉誠善於識人，又能夠把人才放在適當的位置上，這是他成功的重要原因。

有許多管理者常感嘆手下無人可用，其實他不明白：沒有平庸的員工，只有平庸的管理。管理者要人事相宜，安排工作時就應當因人而異，爲不同類型的員工安排不同的工作。

放手讓經驗豐富的**「上將型」**員工獨立進行具有挑戰性的工作。這類員工能力卓越，所以管理者可以儘管放心給他們空間。同時也因爲這類員工能力很強，他們往往自視較高，所以應給予充分發揮的機會，讓他們感到受重視，獲得自我價值的實現。

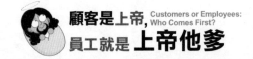

而面對具有一定經驗的**「良卒型」**員工，就要安排較有決策力的工作。不時監察他們的工作進度之餘，也要顧及他們較強的自尊心，不露痕跡

地進行監督。管理者應該更加重視鼓勵和期待的力量，給予良卒型員工正面的敦促，儘量少用負面的批評或懲戒。

若是沒有經驗的**「健馬型」**員工，管理者則要提供學習機會。這類員工常常是剛開始踏入社會的年輕人，他們在公司中為數不少。作為一名管理者，切不可忽視這類員工的存在，因為他們之中必將出現一批優秀人才，支撐起公司的未來。而你要做的正是發掘這類員工，給他們機會，並鍛鍊他們。缺乏經驗不等於缺乏能力，管理者應該幫助年輕員工樹立信心，除了指導之外，也要對其行為做出適時的反應。

若是**「邊角料型」**的員工，管理者應提供他們特殊的崗位。這類員工讓管理者十分頭疼，用之不濟，棄之可惜。邊角料型的員工多半少言寡語，不大合群，從來不主動找管理者談話。對於公司來說，他們的外在表現幾乎像是局外人，但是當公司面臨緊急或特殊任務，往往就是他們大顯身手之時，因為他們的冷靜，正是處理緊急任務的重要特質。其實，這樣的員工對於企業來說也是一筆財富。足夠高明的管理者，就能借用有效的管理，讓這類員工充分展現自己的特殊才能。孟嘗君之所以盛情款待雞鳴狗盜之徒，與這樣的管理理念就有著共通之處。

整體來說，在企業裡有的全是金子般的人才，從來就沒有石頭般的員工。而如何讓這些金子發出耀眼的光芒，就要看管理者把這塊金子放在什麼位置。只有把合適的人才放在合適的位置，這些人才就能散發光芒。

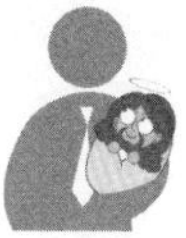

嫉賢妒能，毀的是公司前途

有一些管理者觀念陳舊，寧用順從聽話的平庸之輩，也不用稍帶稜角而且比自己能力強的人。使得這些人，空有滿腹才華卻無用武之地，最終造成人才流失。這些管理者不願意用比自己強的人，起因多半是妒忌。

春秋戰國時，有位著名的軍事大師名叫鬼谷子。他有兩個得意的學生：龐涓和孫臏。龐涓後來在魏國當了大將軍，師弟孫臏投奔龐涓，龐涓發現師弟的能耐比自己還強，怕師弟搶走他的飯碗，便產生了妒忌心。他不但不重用孫臏，反而設計陷害他，並指使部下剔去其膝蓋骨。後來孫臏用計逃到齊國，協助齊國大將田忌打敗魏兵。最後龐涓自殺。

龐涓因心胸狹隘，不僅沒保住官位還丟了小命，落下千古笑柄。用不用能力比自己強的人，這是管理者用人時對自己最大的考驗，同樣也是管理者最容易犯的錯誤。「他都比我強了，那在其他員工眼裡，是他管理我，還是我管理他？」某企業管理者直言不諱，一針見血。這種不允許下屬勝過老闆的心態一目了然。

在這種心態驅使下，管理者往往不希望別人拿放大鏡來看他，而他自己卻總是用顯微鏡來看別人。當比自己強的員工取得各部門的讚許和支持時，管理者就會產生危機感，認爲那位員工在向自己示威。於是乎，管理者開始有意無意地疏遠或壓制他們，甚至嚴重地挫傷這些員工的積極態度。這種心態其實是一種弱者的心態，外表的強硬正透露出內心的軟弱，反映出嚴重缺乏的自信心。

真正的強者，一定願意接納比自己強的部下，因爲他有信心能控制局面。他關心的從來就不是別人對自己是否言聽計從，除了他有絕對的自信贏得別人真正的尊敬之外，更因爲他看重的是整體企業的發展大計。

人盡其才是一種理想境界。這一點絕非一蹴而就，但是每個企業和管理者都應該致力追求。這就要求管理者在選擇人才的過程中，真正做到以素質和能力用人。

廣告大師奧格威說過一句話：「用人的最大失誤，就是沒有任用比自己高明的人。」為了讓管理者們領會這一觀點，奧格威在每個董事長的椅子上放了一個洋娃娃，並請諸位董事長打開看。大家依次打開洋娃娃後，發現裡邊還有一個洋娃娃，再打開裡面又有一個更小的洋娃娃，直到看到最小的洋娃娃時，上面有一張奧格威寫的字條：「如果你永遠聘用不如你的人，我們就會成為侏儒公司。反之，如果你永遠聘用比你高明的人，我們就會成為頂天立地的巨人公司。」

奧格威的用人理念，值得所有管理者借鑒。

用人唯才，企業才有未來

人才猶如金子，是事業發展的推進器，成功的企業家更離不開各種人才的鼎力合作。只有把優秀的人才，編成一張精密的網路，發揮他們最大長處，才能不斷創造財富。從這個意義上來看，真正的人才，一定是所有企業夢寐以求的。

作爲企業的管理者，要能拋棄個人成見，客觀地對他人做出評價，即使情感上不喜歡，也決不以私誤公，而應聚焦在才能上，對真正的人才加以重用。

用人唯才與用人唯親，是兩種不同的企業用人方針。用人唯才是指不論親疏恩仇，只要是有能力的人就加以重用；用人唯親是對自己的親友，或親近自己的人才予以信任並重用。

用人唯親雖然會因爲血緣關係而更加親密，但同時也會衍生出很多問題。其中之一在於能夠選擇的人才管道過於狹窄。親友人數畢竟有限，要在有限的人數中選拔人才，必然數量少、品質不一定高，難免選來選去都是庸才。而且，用人唯親肯定是因爲不信任外人，所以外人就會被排擠，即便是人才也不得重用。而不被重用的人才，肯定不甘心屈居庸才之下，就會另尋出路、投奔他處。這等於爲敵對勢力提供人才，削弱了自己，強大了敵人的力量。

用人唯親最大的原因是親人值得信任，情感上較親密。但事實上，一個人是否可信任，主要還是看品德，跟他與誰關係密切、情感親密，並沒有太大關連。史書上經常可以看到識錯人的管理者，每當勢衰或敗亡時，出賣或殺害他們的，恰恰是他們最親密的人。爲了爭奪皇位，弑父殺兄的案例比比皆是。

雖然有這麼多前車之鑒，但用人唯親依然是目前很多企業管理者的做法，這除了感情因素，也是一種思維的慣性。想做到用人唯才，需要管理者有寬闊的容人胸懷，和超人的膽識才能，很多管理者都還沒做到這一步。

在現代企業管理中，用人唯親的情況非常普遍，尤其在中小企業中，家族化的經營風氣更是盛行。往往是妻子管理財務，弟妹管理供銷，弟弟管理人事……比較重要的職位，基本上都被皇親國戚所佔據。即使是在大型企業中，有些管理者也會設法把子女弄進企業，以求得一官半職。

但是，綜觀家族式經營的失敗案例，這種做法的後果往往是可悲的。家族式經營的缺點如下：

一、家族化經營用人唯親

有人明明無德無才，但薪水和職位卻很高；而有一技之長的人卻得不到重用，甚至必需受到「皇親國戚」們的嫉妒、排擠，只好跳槽另謀高就。

二、容易形成派系

在企業中形成「家族派」與「非家族派」。在家族派內部，又因近親、遠親、地位、待遇不同，形成各種小派別。彼此明爭暗鬥、針鋒相對。

不管怎麼鬥，受傷害最大的還是企業本身。

三、親人間會憑藉關係互相串通

以權謀私的結果，企業最終垮掉的原因，並不是競爭對手太強，而是從內部就開始腐化了。

爲了避免用人唯親，身爲管理者，必需要把握住兩個基本點：

一、選才要無私

關於這一點，其中的關鍵在於無私。無私是選賢任能的前提。孔子對此瞭解得十分清楚，他說：「君子對天下之人，不分親疏，無論厚薄，只親近仁義之人。」也就是說，在人才問題上，應該不計較個人恩怨得失，更不應嫉賢妒能，要以公司的利益和發展爲重。

二、選才不避仇

這就需要管理者公而忘私、虛懷若谷，擁有寬廣的心胸，能拋棄個人成見，忘記恩怨，客觀地對他人做出評價。

用比自己強的人，會讓你更強

一個管理者最重要的任務就是發現並起用人才，尤其是找到比自己優秀的人才。如果管理者心胸足夠開闊，對人才予以重用，能夠替公司帶來的「財富」將無法估量。

美國鋼鐵大王卡內基的墓碑上刻著這樣一句話：「一位知道選用比自己能力更強者來爲自己工作的人，安息在這裡。」他還說過：「即使將我所有工廠、設備、市場和資金全部奪去，只要保留我的技術人員和組織人員，四年之後，我將仍然是『鋼鐵大王』。」卡內基之所以如此自信，就是因爲他能有效地發揮人才的價值，善於用那些比他更強的人。

卡內基雖然被稱為「鋼鐵大王」，但他卻是一個對冶金技術一竅不通的門外漢。他的成功完全是因為他卓越的識人和用人才能，總能找到精通冶金工業技術，擅長發明創造的人才為他服務。比如說任用齊瓦勃。

齊瓦勃是一名很優秀的人才，他本來只是卡內基鋼鐵公司旗下所屬布拉德鋼鐵廠的一名工程師。當卡內基知道齊瓦勃有著超人的工作熱情和傑出的管理長才之後，馬上提拔他為布拉德鋼鐵廠的廠長。正因為有了齊瓦勃所管理的工廠，卡內基才敢說：「當我想佔領市場時，市場就是我的。因為我能造出便宜又好的鋼材。」

幾年後，表現出眾的齊瓦勃被任命為卡內基鋼鐵公司的董事長，成了卡內基鋼鐵公司的靈魂人物。齊瓦勃擔任董事長的第七年，當時控制著美國鐵路命脈的大財閥摩根，提出與卡內基聯合經營鋼鐵的想法，並放出風聲說，如果卡內基拒絕，他就會去找當時位居美國鋼鐵業第二位的貝斯列赫姆鋼鐵公司合作。

面對這樣的壓力，卡內基要求齊瓦勃按照一份清單上的條件去與摩根談聯合事宜。齊瓦勃看過清單後，果斷地對卡內基說：「如果按這些條件去談，摩根肯定樂於接受，但你將損失一大筆錢，看來這件事你沒有我調查得詳細。」

經過齊瓦勃的分析，卡內基承認自己高估了摩根，於是便全權委託齊瓦勃與摩根談判。事實證明，這次談判，卡內基取得了絕對優勢的聯合條件。

到二十世紀初，卡內基鋼鐵公司已經成為當時世界上最大的鋼鐵公司。卡內基是公司最大的股東，但他並不擔任董事長或總經理之類的職務。他要做的，就是發現並任用一批懂技術、懂管理的傑出人才為他工作。

企業的生存和發展離不開人才。一個成功的企業家，就要善於尋找人才、借助人才，使人才爲企業所用。

人才與廠房設備等資源，最大的不同點在於人會思考、有感情。管理者必需知人善任，人才就會感恩圖報。知人善任要注意以下幾點：

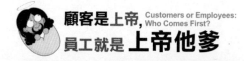

一、鼓勵人才發展，不要怕下屬超越自己。

二、不滿之處對事不對人。人非聖賢，孰能無過。下屬做錯了事，要針對他做錯的事情來責備，卻不能對他進行人身攻擊。批評的目的在於指出錯誤，以期改進，而不是讓下屬喪失自信，或感到自己的人格不被尊重。

三、承擔職責，扶持正氣。下屬辦事不力，並不一定是下屬的過錯。身為管理者，應首先檢討自己在領導上是否有錯誤，該承擔哪些職責，決不能將過錯推卸到下屬身上，否則將會嚴重影響下屬的士氣。

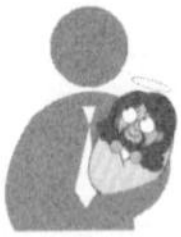

忙人和閒人

在職場中，未必「忙人」越多越好。有時候，一些看起來很「閒」的人，往往發揮著不可替代的作用。

幾乎所有的老闆都會關注員工的工作量是否平均。關心工作量這件事，本身並無差錯，但如果要求工作量絕對平均，就會有失偏頗。因爲就整體的角度來說，絕對不是所有人都越忙越好。很多老闆只要看到大家都忙得團團轉，就以爲是一片繁榮與效率的景象，因此而感到開心滿意。這絕對是一個不懂管理的老闆。俗話說越忙越亂，人在忙的時候往往是疲於應付的，只想著趕快弄完就行，很難考慮到方法和效率的問題。

某公司最重要的業務部門，一開始只有一位女經理，可是經過一段時間後，老闆發現她實在忙不過來，而且部門內問題成堆，她也無暇顧及，就為她配了一位副理。但是過了一段時間後，老闆發現這兩位經理與副理，又都忙得不可開交，部門內的問題依舊堆積如山，而且有愈積愈多之勢。情急之下，只好再增加兩位特助，以為這下局面總會有個徹底的轉變了吧。但是，結果卻令主管大跌眼鏡，這個部門的管理人員從一位變成了四位，儘管每個管理人員從上任一開始就都忙得團團轉，沒有人偷懶，但是部門內的問題卻依然不見絲毫解決的跡象。

老闆百思不得其解，直到經過一段時間的近距離觀察後，終於發現了問題所在。

原來，這幾位部門管理者壓根就忘了自己是「管理者」，他們所有的精力都放在一些瑣事上，搞得自己疲於奔命，無暇他顧。他們的手機一天二十四小時響個不停，不管大事小事，員工都會推到他們這裡尋求解決。而他們也非常負責，一一予以處理，哪裡有問題就第一時間跑到哪裡。他們總是忙碌地在第一線奮戰，卻從不認真思考問題的起源以及解決方法。所有的問題既然都得不到根本的解決，當然就會不停地重複發生，而他們所能做的，就是不斷重複解決同樣的問題。

這個故事的結果是：雖然他們非常敬業、非常忙碌，但老闆還是不滿意，他們自己也很沮喪。

上述案例中出現的現象在很多公司裡都存在，也同樣都沒有得到足夠的重視。在一個企業裡，總得有幾個不忙的人，他們必需負責在一旁靜靜地觀察和思考。公司裡不能所有人都是忙人，總得有個人靜下來。一個靜下來的人耐心觀察一個星期，就能徹底解決一個問題，讓一堆大忙人提高好幾倍的工作效率，節省下大量時間。

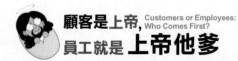

所以，這樣的閒人絕對不是冗員，相反地，恰恰是爲了保證企業運轉的效率。當然，這些閒下來的人素質一定要夠高，資格能力不夠的人，是不可能擔此重任的。並且這樣的人必需是老闆親自選定，並經過長期觀察確認其資格。否則，就會真的變成一個「閒人」了。

管理者們要注意了，公司裡人人忙得團團轉並不一定是好事，總是有幾個「閒人」來回遛達觀察，也並不一定是壞事。

明確劃分責任，才能堵住藉口

爲什麼在某些公司裡面，上司們似乎總是沒有足夠的時間應付工作，而下屬卻總是沒有足夠的工作打發時間?這就是角色錯位。因爲這樣的上司既承擔了員工的工作任務，又背負了下屬甩出的責任。當下屬把工作推給上司，也就是所謂的「在其位，未謀其政」，藉口由此開始落地生根。

某日，陳主管走進辦公室時，下屬小梁向他打招呼：「早安！我們遇到一個問題。請您看看……」

得知事件的由來後，陳主管又再次陷入熟悉的處境——他成為問題的知情人，他有責任處理這個事件，但他沒有足夠的資訊為小梁即時做決定。

最後他回答：「你說的問題我知道了，但我現在趕著處理另一件事。讓我想想，想到方法後，我會通知你。」

小梁為了確保主管不會忘記這件事，這一整天老是將頭探進主管辦公室，歡快地詢問道：「請問您有想到方法嗎？」

威廉・安肯三世和唐納・L・沃斯曾在《哈佛商業評論》上撰文，以「在背上的猴子」來分析與以上案例類似的事件：主管與下屬碰面前，這隻猴子伏在下屬的背上。但兩人相談後，下屬成功地讓猴子跳到了主管的背上。此後，猴子會一直伏在主管背上，直至主管將牠交回所屬的擁有者。

當主管接受這隻猴子時，他就承擔了兩件原本下屬應擔當的職責：第一，他被下屬分派了工作；第二，他被該下屬所監督，需向下屬報告進度。因此，他默默接受了這個責任層級低於下屬的職位，而那些用以處理這隻猴子的時間，就被稱爲「部屬佔用的時間」。

角色錯位，往往起因於上下屬責任不明確。在這種情況下，管理者和下屬都是以自我爲中心，而非以整體公司績效爲導向。於是，上下屬間相互推卸責任，相互扯後腿，帶來了從上至下的藉口。

上司之所以必需懷抱著這麼多「猴子」，是因爲員工沒有處理事情的主動權，導致上司的工作變得瑣碎，而員工卻又渾渾噩噩。上司既然統攬一切，員工就只需把矛頭指向老闆，「不知道，問我們主管」，「不會，我去問主管」。

同時，上司因爲懷抱著太多「猴子」，導致工作量加大。當上司沒有意識到這是因爲角色錯位所造成的問題時，心態就會失衡。在這種情況下他會覺得，我每天做這麼多的工作，辛辛苦苦、任勞任怨，到頭來上級還是不滿意，下屬還是不理解，弄得自己委屈得不得了。受了委屈之後，就會帶著情緒工作，於是灰心懈怠，心想既然這麼辛苦也得不到認可，還不如別做事。因此，爲了逃避更多的責任，他就會開始選擇藉口。

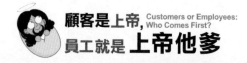

若是要做到企業從上至下都不找藉口，各級員工的責任範圍就需要受到明確的制定。概括來說，管理者的主要職責是正確領會高層的指示，結合

部門內部的工作職能，有效指揮並監督下屬展開工作，保證完成上級所下達的各項計畫和指令。

基層執行者的職責，就是在上級的領導和安排下，具體執行任務的各項過程和細節，保證任務按時完成。

責任明確，才能保證沒有藉口地執行任務。在此基礎上，管理者首先要懂得授權。一個管理者或許只能用百分之三十或者更少的精力投入一項工作。若是授權給員工，則意味著員工能夠在這項工作中投入百分之一百的精力。員工百分之一百的精力，與管理者百分之三十以下的精力相比，誰做得更好，可想而知。授權並不是什麼都不管，而是讓管理者從事務性的常規工作中解脫出來，以更多的時間與精力去關注並開拓新領域，構思企業未來的發展戰略。

充分授權的同時，管理者還應該瞭解下屬工作進展的情況，不斷檢查被授權者的工作成果，或要求被授權者及時回饋進度，對偏離目標的行爲要及時進行引導和糾正。

其次，管理者要儘量把行動的主動權還給下屬，並使下屬始終保有這種主動權。一旦管理者把主動權還給下屬，自己就可以有更多自由支配的時間了。

雀兒喜是一名設計師，任職於一家大型建築設計公司。該公司要求設計作品時既要考慮顧客的要求，也要考慮施工方的能力，同時兼顧設計者的個性。每一位設計人員必需對自己的作品負責，不要把問題推給任何人。

有一次，老闆要雀兒喜為一名客戶進行辦公大樓的可行性設計方案，時間只有三天。客戶的要求很挑剔，但老闆只說：「所有的事都交給你。」就轉身離開了。

接到任務後，雀兒喜馬上去看現場，然後開始工作。整整三天的時間裡，她都處在異常興奮的狀態下。她為了業主的要求修改工程細節，必需從地下車庫爬二十五層樓，她也是二話不說。這一切的辛苦，雀兒喜毫無怨言。因為得到老闆如此的信任，讓她自由地實現設計理念，使得雀兒忘卻一切辛苦。她到處查資料，虛心向別人請教。食不知味，寢不安枕，滿腦子都想著如何把這個案子做好。

三天後，她帶著佈滿血絲的眼睛把設計方案交給客戶，得到了客戶的肯定。客戶也當著老闆的面稱讚雀兒喜，說她表現很卓越，設計水準一流。

雀兒喜後來對老闆說：「是您的信任和授權，讓我們都充滿熱情。」

老闆也對雀兒喜說：「如果你不能完成任務，我也許就要把你辭掉，但是你做到了。」

身爲員工，遇到林林總總的問題時，爲了職責所在，不能逃避，也不要依賴他人的意見，要敢於作出自己的判斷。對於自己能夠判斷，或是職務範圍內的事情，請大膽地拿主意，不必全部稟明老闆。否則只會顯得你工作無能，也顯得上級領導無方。

當上下角色定位準確，職責分明，整個企業的忙碌才能形成一個井然有序的生產流程，也才能避免藉口的滋生和繁衍。

「釣魚」與「撈魚」

無論是賣汽車、賣房子還是賣消費性產品，全天下所有的業務都有一套自己的理論與風格。但是，無論這些理論與風格如何千奇百怪，基本上都逃脫不了兩個派系——「釣魚派」與「撈魚派」。

那些憑經驗、感覺、嗅得到成交的銷售人員，可稱之爲「釣魚派」；而那些憑細心、勤奮、韌勁成交的銷售人員，則可稱之爲「撈魚派」。

釣魚使用的工具是魚鉤，需要的是技巧，用的是巧勁；撈魚使用的工具是漁網，需要的是勤奮與耐心，用的是蠻力。「釣魚派」與「撈魚派」各有千秋——釣魚派以資深業務人員居多，他們嗅覺靈敏，注重技巧，業務成交速度很快。但是這一派的人因爲小聰明太多，很容易放棄得來不易的客戶資訊，漏掉大量寶貴的銷售機會。反之，撈魚派以新人居多，他們因爲技術還不熟練，知識還不豐富，反應還不靈敏，所以存在著成交慢的缺點。但是，正因如此，他們不會投機取巧，而是老老實實、兢兢業業地工作，所以他們總是對所有的客戶資訊一視同仁，從不輕易放棄任何一個銷售機會。

「釣魚派」以巧取勝，雖然賞心悅目，但「撈魚派」穩紮穩打，顯得更加實在。因爲在工作中，「撈魚派」的業績遠比「釣魚派」穩定，他們可以始終如一地確保自己的業績在公司中處於中上游的位置，令管理者放心。而「釣魚派」則不然，他們的業績總是起伏不定，時而躍上巔峰，時而跌落谷底，令管理者又愛又恨。

出現這種現象的原因很簡單。「釣魚派」用的是漁竿，所以他們只能憑藉自己的經驗、技術與感覺去釣，等著魚上鉤。然而，無論釣魚的人經驗與技術多好，感覺有多準確，只要手裡拿的是漁竿，就意味著選擇了一個魚鉤只能釣起一條魚的捕獵方式。就算運氣好碰上一個大魚群，由於手裡握的是漁竿而不是漁網，一次也只能釣上來一條魚，然後眼巴巴地看著魚群從眼皮底下逃走，只有乾瞪眼的份兒。所以「釣魚派」的人總是饑一頓飽一頓。

相反地，「撈魚派」使用的工具是漁網，就算他們完全不知道哪裡有魚，只要不停地下網，總會有所收穫。就算費盡力氣拖上來的漁網裡充斥著大量的磚頭和石塊，也總會撈上來幾條小魚，若是運氣好，也許還會有一些小螃蟹、小蝦米之類的額外收穫。所以「撈魚派」雖說永遠當不了第一，但也永遠不會餓死。

對於企業來說，「撈魚派」是不可或缺的中堅力量。他們構成了業務部門的脊樑。不僅如此，在實際工作中，還有一種左手握著漁竿、右手拿著漁網，結合了「釣魚」與「撈魚」兩派優點的「綜合派」。這一派別的銷售人員可以被稱爲超級銷售人員。每一家公司或多或少都會存在綜合派的高手，他們不但業績突出而且十分穩定，往往只憑藉一己之力就能夠達成一個業務部門三分之一乃至於過半的業績。而這種「綜合派」高手，大多來自「撈魚派」。原因很簡單，天道酬勤。

哪一派該著重培養，哪一派該經常提點教育，管理者應該心裡有數。

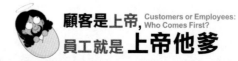

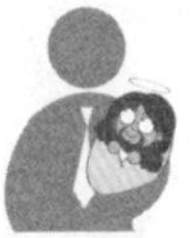

勤奮永遠不會錯

缺少勤奮的精神，哪怕是天資奇佳的雄鷹，也只能空振雙翅；有了勤奮的精神，哪怕是行動遲緩的蝸牛，也能雄踞塔頂，踏千山暮雪，渺萬里層雲。美好的明天，是勤奮的今天所綻放的美麗花朵只要勤奮，終究會姹紫嫣紅；只要勤奮，在荒蕪中也能開墾出屬於自己的一片天地。

亞歷山大曾經說過：「雖有卓越的才能，而無一心不斷的勤勉、百折不撓的忍耐，亦不能立身於世。」成功的人士總是忙碌的，他們輕視怠惰，總是不斷尋找新的挑戰與更理想的做事方法。他們知道「無限風光在險峰」，只有努力攀登，才能有「一覽眾山小」的豪情。

一次大型演講會，台下數千人靜靜等待著日本推銷之神原一平的到來，想聽他的成功祕訣。等了十分鐘之後，原一平終於來了。他走向講台之後，就坐在椅子上一句話也不說。半個小時後，有人不想等了，陸陸續續離開會場。一個小時後，原一平仍然一句話也不說。這時，會場上大部分人都走了，只留下最後十幾個人。

這時，原一平說話了，他說：「你們是一群忍耐力最好的人，我要向你們分享我成功的祕訣，但不能在這裡，要去我住的旅館。」於是十幾個人都跟著原一平去了，到了原一平房間後，他脫掉外套，脫掉鞋子，坐在床上，把襪子脫了，然後他把腳板亮給那十幾個人看。

人們看到的是一雙佈滿了老繭的腳。原一平說：「這就是我成功的祕訣，我的成功是我勤奮跑出來的。」

成功的人，未必都很完美，也未必都很快樂，但他們有項特質是常人所沒有的，那就是勤奮。勤奮是一種美好的品德，比金錢更重要。當你具備了勤奮美德的同時，你就擁有了財富。

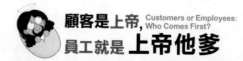

傑克如今是一家建築公司的副總經理。但五六年前，他其實是被建築公司招聘來的送水工。在工作時，他並不像其他送水工那樣，剛把水桶搬進來，就忙著抱怨工資太少，沒事就躲起來吸煙。他每一次都會將每位建築工人的水壺倒滿水，並利用工人們休息的時間，請求他們講解有關建築的各項知識。沒幾天，這個勤奮好學、不滿足現狀的送水工，引起了工頭的注意。兩周後，他就被拔擢為計時員。

成為計時員的傑克，依然精益求精地工作。他總是早上第一個來，晚上最後一個走。由於他勤學知識，包括打地基、壘磚、刷泥漿等在內的所有建築工作，他都非常熟悉。所以工頭不在時，一些工人總愛問他。

一次，工頭看到傑克把舊的紅色法蘭絨襯衫撕開套在日光燈上，以解決施工時沒有足夠紅燈照明的難題後，便決定讓這位年輕人擔任自己的助理。就這樣，傑克靠著自己的勤奮，努力抓住了一次次機會。只用了五六年時間，便晉升為這家建築公司的副總經理。

雖然傑克成了副總經理，但他依然堅持勤奮工作的一貫作風。他常常鼓勵大家學習並運用新知識、新技術，還常常自擬計畫，自畫草圖，向大家提出各種建議。只要給他時間，他就可以把客戶希望他做的事做到最好。

「天才來自於勤奮！」幾乎所有的成功人士都認可這一說法。人們羨慕那些傑出人士所具有的創造、決策能力，以及敏銳的洞察力，但卻忘了他們並非一開始就擁有這種天賦，都是在長期辛勤的工作中逐漸累積學習到的。他們在工作中學會了瞭解自我、發現自我，使自己的潛力得到充分的發揮。

只有投入才有產出，這是一條亙古不變的宇宙法則。

「折磨」不等於「磨練」

企業主想要鍛造人才，所以讓員工接受鍛鍊，吃苦受累，這點無可非議。但是許多管理者在準備了受苦的條件時，卻並沒有想過這些苦難能讓員工增長哪些本領，僅僅是爲了讓他們「受苦」而「受苦」。

剛踏出大學校門、擁有較高學歷的年輕人，大都有一個毛病：高傲自信，急於表現自己的才能。他們在工作上不墨守成規，銳意進取並積極創新，但往往急於求成，忽視檢討工作中出現的失誤。正因如此，許多管理者都會把年輕人先放到基層接受鍛鍊，讓他們由好高騖遠變成腳踏實地。

理論上來說，這樣的想法並沒有問題，但在實際工作中執行起來，卻往往變了味。

在許多中階幹部的心中，並不是真的要讓這些年輕人接受磨練，尤其是學歷不高，辛辛苦苦從基層爬起來的小主管更抱有這種心態。他們會在心裡輕蔑地想：「哼，大學生有什麼了不起？沒有實際經驗，連一個工人都不如！」

還有許多管理者會以爲提拔下屬是自己對他們的恩賜，因此要求他們要服從權威。至於那些喜歡提問題、不聽話的人，不管有多麼傑出的才華，也別想得到青睞和重用。

久而久之，得到拔擢的並不是那些在基層苦學、找出問題的人，而是那些努力與領導階層接觸，並費盡心思討好的人。在這樣的環境中，年輕人的稜角和銳氣可能就會被磨圓，這對公司和他們本身都是一個巨大的損失。

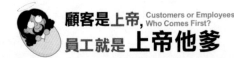

一些知名的跨國企業對待剛踏入社會的年輕人是這樣做的。當畢業生來到這些企業，一般都能被安排到合適的位置。由於這些公司有完善的管理機制，以及先進的技術設備等，年輕人即使在基層接受鍛鍊，他們的專業知識和工作態度，也一樣能得到進步，再加上相對優厚的待遇，他們也都樂於先留在基層接受鍛鍊。這些跨國企業還有完善的升遷機制，職務和待遇的提升，完全看個人的表現，而不是看員工和主管間的關係。今天做得好，明天就有可能得到提拔，這才是正確的用人之道。

「磨練人才」要有所目的

畢業生剛剛走出校門踏入社會，總會對自己帶有各種期望。作爲主管，給予這些職場菜鳥磨練非常重要，但磨練一定要有目的。

一位年輕人畢業後來到某研究機構，終日只是做些整理資料的工作，時間一久，他覺得這樣的工作索然無味。恰好機會來了，一個油田鑽井隊到了他們的研究機構找尋人才。

到海上工作是他從小的夢想，他的主管也覺得像他這樣的專業人才每天都在整理資料，實在太可惜，便同意他去海上油田鑽井隊工作。

來到海上工作的第一天，領班要求他在限定的時間內登上幾十米高的

鑽井架，把一個包裝好的漂亮盒子送到最頂層的主管手裡。他拿著盒子快步登上又高又狹窄的舷梯，氣喘吁吁、滿頭是汗地來到頂層，把盒子交給主管。主管只在上面簽下自己的名字，就要他送回去。他又快跑下舷梯，把盒子交給領班，領班也同樣在上面簽下自己的名字，讓他再送給主管。

他看了看領班，猶豫了一下，又轉身登上舷梯。當他第二次登上頂層把盒子交給主管時，早已渾身大汗，兩腿也在發顫。主管卻和上次一樣，在盒子上簽下名字，就要他把盒子再送回去。他擦擦臉上的汗水，轉身走向舷梯，把盒子送下來，領班簽完字，又要他再送上去。

這時他有些憤怒了，他看看領班平靜的臉，盡力忍著不發作，又拿起盒子艱難地一個台階一個台階往上爬。當他來到最頂層時，渾身上下都濕透了。他第三次把盒子遞給主管，主管看著他，傲慢地說：「把盒子打開。」他撕開外面的包裝紙，打開盒子。裡面是兩個玻璃罐，一罐咖啡，一罐奶精。他憤怒地抬起頭，雙眼噴著怒火，射向主管。

主管又對他說：「去沖咖啡。」

年輕人再也忍不住了，「叭」的一下把盒子扔在地上大吼：「我不幹了！」

說完，他看看碎裂在地上的盒子和玻璃罐，感到心裡痛快了許多，剛才的憤怒全部釋放出來了。

這時，傲慢的主管站起身來，直視著他說：「剛才這些，叫做『承受極限訓練』。因為我們在海上作業，隨時會遇到危險，所以同仁一定要有極強的承受力，才能在各種危險的考驗之下完成海上作業任務。可惜，前面三次你都通過了，只差最後一點點——你沒有喝到自己沖的香醇咖啡。現在，你可以走了。」

這位年輕人可能怎麼也沒有想到，主管給自己的折磨其實是一種考驗，通過這些考驗之後，他的能力和意志力就會得到提高。

這樣的磨練，才是具有目的性的磨練，能夠甄選出真正的「人才」。

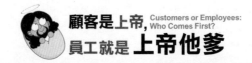

真正的人才都是偏才

這個世界上不存在完美的人，上帝對每個人都是公平的，爲一個人打開了一扇門，就會關上一扇窗。凡是非常有才華的人，大都有或大或小的缺點和怪癖。

著名音樂家貝多芬不僅外貌醜陋，而且非常任性，脾氣暴躁。如果他不滿意女管家所做的湯，就會直接把湯潑到她臉上。他對學生的態度也頗為冷酷，不滿時會把樂譜揉成一團，扔到弟子臉上。

荷蘭印象派畫家梵谷年輕時只要離開女人就無法生活。他曾經向寡婦求婚，還曾使一名妓女懷孕。在荷蘭南部的紐南時，與一個姑娘戀愛遭村民反對，使姑娘自殺。而他割下自己的右耳，是因為沒錢付給一位十六歲的雛妓。

這是兩位享譽世界的大藝術家。但如果只盯著他們的缺點看，他們一定會被所有人厭惡。而且一個人在某方面才華越出眾，其他方面的缺陷就會越明顯。這對管理者來說是個不可避免的問題，他必需明白這一點，否則就不懂得用人。

曾國藩認爲，一個人的能力再怎麼全方位，也會有不足的地方。對於人才，只要有利於事情的完成，那麼性情、出身等外在因素，完全可以不加以考慮。

鮑超是曾國藩培養出來的猛將，他的成長與曾國藩的重用息息相關。

鮑超一身武功，十分英勇。但是，他平日總是喜歡跟別人鬥狠，把戰場上的狠勁帶到生活中，招致了很多人的不滿。

最初，鮑超只是軍隊裡的小哨長。但是，他卻替自己買了一丈多長的紅布，在上面寫上大大的「鮑」字。每逢打仗，他就把這塊紅布高高掛在自己的戰船上。在軍中，只有領兵的統帥才有資格掛出戰旗，鮑超這樣做無疑違反了軍中的規定。部將們把這件事告知曾國藩，希望能夠嚴格地懲罰，讓他明白其中的規則和道理。

曾國藩聽聞此事，便找來鮑超談話，問他為什麼要把紅布掛在戰船上。鮑超理直氣壯地說：「我這樣做，是想要別人知道，我鮑超在這條船上，如果打了勝仗，是我鮑超；打了敗仗，也是我鮑超。」

聽了鮑超這番話，曾國藩不但沒有責罰他，反而對他大加讚賞，鼓勵他多打勝仗，多立戰功。鮑超也沒有讓曾國藩失望，在戰場上拼死作戰，屢屢立下戰功。

後來，有人問曾國藩為什麼如此放任鮑超，對他的錯誤行為視而不見。曾國藩回答說：「尺有所短，寸有所長，用人也應用其長。雖然鮑超的身上存在很多不足，可是我們要看到他的勇猛，和他對朝廷的忠誠。如果因為一點點性情上的不足就對他嚴格懲罰，一定會打消他的士氣，那我們就得不償失了。」在用人方面，曾國藩主張用人如器，即用人的長處，同時避開他的短處。

一個人在這方面不足，在別的方面就可能發揮出優勢，正所謂「瞎子聽力好，啞巴手勢打得好」。如果因爲一方面的不足就否決其他方面的長處，才是用人的大忌。真正的人才都是偏才，關鍵在於管理者怎麼運用。

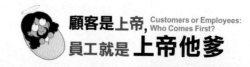

善用短處是用人的最高境界

尺有所短，寸有所長。如果管理者在用人時能揚長避短，善於發掘每個員工的優點，就能稱得上是管理高手。但如果連員工的短處都能善於利用，那麼就已經達到了管理的最高境界。

一位專門從事人力資源研究的學者說過：「發現並運用一個人的優點，你只能得到六十分；如果你想得到八十分的話，就必需容忍並合理利用一個人的缺點。」這話既有新意，又富哲理。

揚長避短是用人的基本方略。在現實中，人的長處和短處並不是絕對的。沒有靜止不變的長處，也沒有一成不變的短處。在不同的情境條件下，長處與短處有可能對調，原來的長處變成短處，短處變成長處。這種長短互換的規律，是最容易被人忽視的部分。

用人的關鍵並不在於用這個人或不用那個人，而在於怎樣使每個下屬都能在最適當的位置上發揮最大的潛能。因此，一個開明的管理者應學會容忍下屬的缺點，同時積極發掘他們的優點，嘗試用長處彌補短處，使每個人都能發揮專長。有人性格倔強，固執己見，但他同時也頗有主見，不會隨波逐流或輕易附和別人的意見；有人辦事步調緩慢，但他同時也具備做事有條有理、踏實細緻的優點；有人性格不合群，經常我行我素，但他同時可能擁有諸多發明創造。管理者的高明之處，就在於短中見長，善用其短。

現代企業中善於用人之短的企業家大有人在。松下電器公司副總經理中尾哲二郎，就是松下先生善用人短的例證：

中尾原來是松下公司旗下一個承包廠雇用的人員。一次，承包廠的老闆對前去視察的松下幸之助說：「這個傢伙只會發牢騷，我們這兒的工作，他一樣也看不上眼，而且老是講些沒人聽懂的怪話。」

松下覺得像中尾這樣的人，只要換個合適的環境，採取適當的方式，愛發牢騷、愛挑剔的毛病，就有可能變成敢於堅持原則、勇於創新的優點。於是他當場就向這位老闆表示，願讓中尾轉職到松下公司。

中尾進入松下公司後，在松下幸之助的任用下，果然弱點變成了優點，短處轉化為長處，不但表現出旺盛的創造力，還成為松下公司中出類拔萃的人才。

讓愛吹毛求疵的人去當品管；讓謹小慎微的人去負責安全監督崗位；讓斤斤計較的人去參與財務管理；讓愛道聽塗說傳播小道消息的人去負責收集資訊；讓性情急躁爭強好勝的人去當糾察隊……轉消極爲積極，大家各司其職，各盡其力，效益就能成倍增長。

金無足赤，人無完人。任何人有其長處，就必有其短處。長處固然值得發揚，但若是能從短處中挖掘出長處，由善用人長發展到善用人短，才是用人的最高境界。長短互換的規律告訴我們，任何時候對任何人都不要以僵化的方式看待。不要聚焦一個人的長處和短處，而應要積極地創造出使短處變長處的條件，同時防止長處變短處的情況發生。

如何善於使用別人的短處這件事，首先要轉換的是自己的態度，其次是用人的方法。積極地提高自身素質，隨時注意實現「使用別人的短處」，以使「短處」得到「長用」。

顧客滿意重要，還是員工滿意重要

「顧客是上帝」這句話家喻戶曉，很多企業家都經常掛在嘴邊。如果問企業管理者「顧客滿意度」與「員工滿意度」哪一個更重要？相信百分之九十九的人都會不假思索地給出答案：當然是顧客滿意度重要，顧客是衣食父母嘛！

從宏觀意義上來看，對所有企業而言，讓顧客滿意確實很重要。但是對每個企業主來說，其實「員工滿意度」比「顧客滿意度」更重要。因爲只有員工先滿意了，顧客才能滿意。

這個道理不難理解，每天和客戶們直接面對面，直接打交道的是員工。無論老闆怎麼敬業，也不可能照顧到每個客戶，而且這也不是老闆該做的工作。歸根結底，企業還是要依靠員工來與客戶接觸，並從客戶手上賺到錢。所以，如果企業想增加收益，與其整天跟客戶耗在一起，不如多花點時間，好好跟員工打成一片。

但目前的現實情況是，老闆們嘴上把「重視人才」、「人才戰略」之類的口號叫得響亮，實際上心裡根本沒把員工當一回事，更別提什麼「員工滿意度」了。在很多老闆眼中，「員工滿意度」這件事是最不用操心的，員工們不幹拉倒，每個人都可以被取代。現在找工作不易，確實沒什麼人敢認真和老闆拍桌子，只能默默地忍下來。

但是，老闆們好像都忘了一件事，表面上好像是老闆把員工吃得死死的，可是老闆們的「財神爺」——客戶，卻在員工手裡抓得牢牢的呢。員工想要報復老闆很簡單，想辦法把客戶都趕跑就可以了。在這場博弈中，老闆才是真正的弱勢群體。

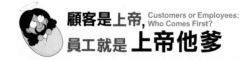

受到老闆「不公平對待」的員工，必然也會回報在客戶得的業績上。而且這些都會發生在老闆看不見的地方，因此老闆只有坐以待斃的份。有些老闆可能會非常疑惑：「我真不理解這些員工到底是怎麼想的，多一些業績他們自己也會多一些薪水啊！難道他們和錢有仇？」

確實，這個世界上和錢有仇的人還真不多。但是有一個前提，那就是員工的心中有沒有不滿？如果員工的心中充滿了對老闆和企業的怨恨，這些怨恨就會逐漸演變成憤怒，當這種憤怒按捺不住，終於爆發出來的時候，他們就真的會跟錢有仇了。畢竟多一些業績員工不過多賺個幾萬塊錢，而老闆卻可以多出幾百萬的收入。用自己的幾萬換老闆的幾百萬，太值得了！

老闆剝削員工當然可能會省出一些成本，但若和因此而損失的銷售額相比，實在是九牛一毛。很多老闆都算不明白這筆帳，總以爲自己是老闆就很了不起，手裡掌握著員工的生殺大權，叫員工做事他們就得做事。其實只要商品和客戶掌握在員工的手裡，老闆就是弱勢群體，得想盡辦法哄員工滿意。

先把「顧客滿意度」放一邊，認真做好「員工滿意度」吧，只要員工都滿意了，顧客會不滿意嗎？

不能讓員工太滿意

世間所有事情都是一樣，物極必反，過猶不及。對企業來說，「員工滿意度」確實比「顧客滿意度」更重要，但也不能讓員工太滿意了，七十分左右是最理想的。

從心理學的角度來說，對現狀過於滿意的狀態絕對是消極的。俗話說：「驕兵必敗」，當一個人對現狀過於滿意的時候，必然會產生懈怠，逐漸失去進取心，心術不正的人甚至還會滋生邪念。所以，人如果過得太舒服了，就會逐漸喪失衝勁。所以，員工太滿意了，對企業來講絕對不是什麼好事。一般來說，員工滿意度在七十分左右應該是最理想的。否則，得分太高就代表企業豢養了一群驕兵，太低則可能會觸發反叛情緒，兩者都具有極大的危險性。

有一位企業主曾跟下屬開過一個玩笑：「如果哪天你們大老遠看見我轉身就跑，就說明員工滿意度過低，我該對你們好一點了；反之，如果哪一天你們看見我就恨不得撲過來親我一口，就說明我們的員工滿意度太高，該給你們一些壓力了。」

這些話不是開玩笑的危言聳聽，有很多企業主都吃過「員工滿意度」過高的虧。

有一家公司對環境衛生的要求極為嚴格，但又不可能提高清潔人員的工資。為了緩和她們對工作的不滿，公司主管平時就非常注意善待幾位清潔人員。除了儘量多給一些加班費外，每到部門發獎金時，也不忘分一份給他們，並且是由主管親自交到她們手上。這招在剛開始非常有效，他們也都非常賣力，大部分時候都能達公司所要求的最低標準。

但是時間一長，問題就來了。儘管公司待他們不薄，給他們的待遇在同行裡算是數一數二，可是他們不但沒有絲毫感恩之心，卻對現狀越來越不滿，頻繁地找主管提出待遇方面的要求，而且膽子越來越大，態度越來越囂張。

主管意識到問題的嚴重性，嚴肅地對他們表明立場，警告他們：「如有不滿，可以隨時走人」，這些清潔人員的抗議聲浪才終於消停了下來。

從這個案例就可以看出兩個值得所有企業主們重視的道理：

一、善待不等於軟弱和縱容

管理者該表明立場的時候，一定要嚴肅表明立場，絕不留半點情面。只有這樣，管理者對員工的善待，才會真正得到他們的重視與珍惜。否則，得寸進尺的人永遠不在少數。

二、如果想「從嚴治軍」，一定要先做到「愛兵如子」

說得簡單點，如果管理者想對員工嚴厲，就一定要先善待他們，黑白臉都唱才有效果。因爲你是善待在前，仁至義盡之後才開始從嚴的。所以，受到你嚴待的人會覺得是自己理虧在先，不會有什麼怨言，能夠坦然接受。反之，如果你沒有在之前先做好「仁至義盡」，就一味地嚴待員工的話，就會導致猛烈的反抗。

人都有得了便宜又賣乖的毛病。本來已經得到了好處，卻仍不滿足，還想得到更多。但是畢竟已經得到了一定的好處，若真想放棄既得利益，也得好好考慮考慮。比如說，有些員工明明收入不低，卻偏偏天天跑到主管辦公室去要求提高待遇，還威脅說如果不滿足他，就要辭職走人。這時，如果主管能確認他們確實存在著捨不得放手的既得利益，就不必受他們威脅。只需表明立場：「如有不滿，可以隨時走人。」十有八九對方會偃旗息鼓，從此安心工作。辭職只是他們說出來嚇唬人的，真正敢「拍屁股走人」，絕對是極少數。畢竟他們也沒那麼傻，不會輕易地放棄已經到手的東西。

當然，管理者敢這麼做需有一個大前提，那就是要先確定這些員工是否真的「得了便宜」，是否有捨不得放手的「既得利益」。如果沒有，這一招就不會靈，因此一定要慎重。

管理者想在這種情況中立於不敗之地，就要做到兩點：

第一，儘量做到「善待」在前，「嚴待」在後，讓自己佔到「講理」的先機。

第二，對「善待」與「嚴待」員工的比例，最好控制在六比四或七比三，不要低於五比五。

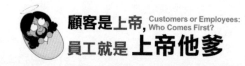

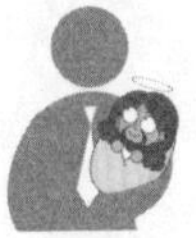

個人魅力代表授權的效力

授權這件事看起來簡單，其實非常不簡單，並不是把下屬叫過來拍拍肩膀說「這塊區域以後你說了算」就行了，授權也得看對象，而且跟管理者的個人魅力有很大關係。

如果是一個被員工看不起的管理者授權給下屬，下屬可能會認爲這是主管想偷懶，把他自己該做的事推給下屬。這樣一來，主管即使授了權還是會挨罵，根本達不到應有的效果。但如果是一位非常有魅力，令員工非常信服的主管授權給下屬，下屬就會覺得這是主管對他的器重和提拔，因此而感到幹勁十足。這就是區別，話分人說，事分人做。

關羽是劉備的大將，忠肝義膽，後人尊其為義氣的楷模，奉為武聖。但是關羽不善用兵，清高自負。他和兒子關平最後都死於孫權之手。

孫權為了拉攏關羽，本想讓自己的兒子娶關羽的女兒。但是關羽看不起孫權，自然也就不願意接受這樁聯姻了，一句「虎女焉能嫁給犬子」就把孫權拒於門外。孫權從一相情願，變成了自討沒趣。

但其實，孫權的實力絕對不比關羽的結拜大哥劉備差。他曲意結交關羽，無奈關羽卻不欣賞。

有時候就算管理者主動向員工表示青睞，也未必會得到熱情的回饋。這其中的原因，就在於管理者的魅力是否足以讓授權變成一件「神聖而光榮的事情」。怎樣才能取得下屬的尊敬和追隨？人格魅力當然是其中關鍵。

企業家李嘉誠總結自己多年的管理經驗：「如果你想做團隊的老闆，事情就簡單得多，因爲你的權力主要來自地位，地位則可以來自上天的緣分，或憑仗你的努力和專業知識來獲得。但如果你想做的是團隊的領袖，就比較複雜了，因爲你的力量必需源自於人格的魅力和號召力。管理者只有把自己具備的素質、品格、作風、工作方式等個性化特徵與領導活動結合起來，才能有效地完成執政任務，體現執政能力。沒有人格魅力，管理者的執政能力就難以得到完美展現，這時就算權力再大，員工還是只會被動作事。

人格魅力會經由一個人的信仰、氣質、性情、相貌、品行、智慧、才學和經驗等諸多因素綜合之下展現出來。所以有能力的人，不一定都有人格魅力。而缺乏優秀的品格和個性魅力，管理者的能力即便再出色，人們對他的印象也會大打折扣，管理的威信和影響力也會受到負面影響。由此可見，在管理者人氣不夠高的情況下，雖然只是一個小小的舉動，卻可能導致員工對整個工作意義的質疑。

鐮倉幕府時代的源義經，流浪在外的時候身無分文，也毫無官階，但他身邊的人都願意追隨他，懇請成爲他的家臣。若是得到義經首肯，個個都歡天喜地，非常驕傲。這就是身爲領導者的魅力。有了這樣的魅力，呼風喚雨又有何難？

授權的關鍵，在於收放之間

一個管理者太負責任，總是事必躬親，那麼整個組織的活力就會逐漸喪失，組織機能就會出現萎縮。科學管理之父弗雷德里克・溫斯洛・泰羅很早就意識到了這一點，他提倡管理者要學會合理地授權，尤其是要學會在遇到自己不懂的知識時，將決策權交給別人。

適當授權既能保留發展空間給下屬，又能使管理者抽出更多的時間來督導員工的工作，當然也就順理成章地提高整個團隊的工作效率。但是授權一定要用方法，不能強人所難，更不是推卸自己的責任。

一、握大權，授小權

在一個企業中，不僅有繁重瑣碎的事務性工作，也有關乎企業生存與發展的重要任務。身為管理者，你不可能擁有足夠的精力去應對這一切。這時，你必需將絕大多數事務性的工作交給下屬去完成，自己只保留例外與非常事件的決定權。

二、因事擇人，視德才授權

泰羅的授權理論中，一條最根本的準則就是：「因事擇人，視德授權。」授權不是利益分配，更不是榮譽分贓，而是為了將工作做得更出色的用人策略。把一部分權力授予符合要求的下屬，能夠使他們感到自己是分擔權力的主體，因而會在權力的支配下，形成更有效的凝聚作用與責任感。

三、先放後收

不要將某種權力毫無限度地授予下屬，而要適時地加以控制或是回收。這是泰羅的授權法則中，很重要的重點。有些管理者授予下屬權力之後，便從此不聞不問，致使上下屬之間產生脫節，放任下屬處於權力真空狀態；相反地，如果時時處處都要嚴密監督下屬的權力應用，同樣會事倍功半。最有效的方式就是收放結合，讓下屬在力所能及的範圍內充分發揮，並始終與整體相協調。

四、不越級授權

在一般企業的習慣中，最後的負責人都是主管，這種體制的層次很明顯。所以，在授予下屬權力時，一定要掌握好尺度，不要越級授權，應該要逐級進行。否則，只會引起各級下屬之間不必要的誤解與職責的混亂。如何保證這種授出的權力不會失控呢？泰羅提出了幾點忠告：

首先，命令追蹤。一些主管在向下屬授權後，往往就忘記了自己發出的指令。其實，定期或是不定期地追蹤命令的執行進度是相當必要的。此時明智的管理者在追蹤自己的執行進度時，不一定要把焦點放在下屬的工作細節，也可以注意工作態度和進度等方面。

其次，有效回饋。對於下屬工作表現的評價，不能太主觀臆斷，應該要以討論的方式。這就要求管理者在授權後，必需與下屬保持暢通的回饋管道，好讓下屬及時回饋你工作的進展情況，同時你則必需在討論過程中傳授需要改進之處。

最後，全域統籌。主管必需授予不同的下屬以不同的權力，這樣在授權之後，自己就有足夠的時間與精力來掌握一些全域性的工作。高明的管理者在全域統籌的時候，會善於採用縱向畫線與橫向畫格的管理模式來實現組織控制。縱向畫線是指界定各個部門對上、對下的許可權，橫向畫格是指界定下屬各部門之間的許可權。這樣做既有利於下屬充分利用自己的授權施展才華，又不至使各個部門成爲不服從指揮的獨立王國，從而有助於整體的掌控與協調。

大權要獨攬，小權要分散

身爲主管並不意味著什麼都得管，而應該懂得授權。但授權也是要有底線和原則的，否則會讓自己變成傀儡。對於權力，最合理的處理方法就是「大權獨攬、小權分散」，做到權力與責任密切結合。

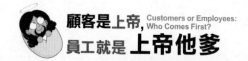

《韓非子》裡有一個故事：

魯國有個人叫陽虎，他經常說：「君主如果聖明，當臣子的就會盡心效忠，不敢有二心；君主若是昏庸，臣子就敷衍應付，甚至心懷鬼胎，外在表現虛與委蛇，暗中卻欺君而謀私利。」

這番話觸怒了魯王，陽虎因此被驅逐出境。他跑到齊國，齊王對他不感興趣。他又逃到趙國，幸得趙王十分賞識他的才能，拜他為相。近臣向趙王勸諫：「聽說陽虎私心頗重，怎能用這樣的人治理朝政？」

趙王答道：「陽虎或許會尋機謀私，但我會小心監視，防止他這樣做，只要我擁有不致被臣子奪權的力量，他豈能如願？」

趙王對於陽虎，總是保持著一定程度的控制，使他不敢有所逾越。陽虎在相位上施展自己的抱負和才能，終使趙國威震四方，稱霸諸侯。

趙王重用陽虎的例子，提供現代管理者的啓示就是：管理者在授權的同時，也必需進行有效的指導和控制。這樣既可以充分地利用人才，又可以避免下屬異心，而導致管理上的危機。

「用人不疑，疑人不用。」管理者要做好授權，就應當放手讓下屬去做，不隨意干預，這樣才能充分激發下屬的積極和潛能。

《呂氏春秋》記載，孔子的弟子子齊奉魯君之命到亶父去做地方官。

但是子齊擔心魯君聽信小人讒言而出手干預，使自己的工作處處受阻，無法充分發揮才幹。於是在臨行前，他主動要求魯君派兩個近臣隨他一起去亶父上任。

到任後，子齊命令兩位近臣寫字，自己卻在旁邊不時搖動二人的胳膊。這樣一來字體當然寫得不工整，子齊就對他們發火，二人又惱又怕，請求回去。

二人回去之後，向魯君報怨無法為子齊做事。魯君問為什麼，二人說：「他叫我們寫字，又不停搖晃我們的胳膊。字寫壞了，他卻怪罪我們，大發雷霆。我們沒法再做下去了，只好回來。」

魯君聽後長嘆道：「這是子齊在勸誡我不要擾亂他的工作，使他無法施展聰明才幹呀。」

於是，魯君就派他最信任的人到亶父對子齊傳達他的旨意：「從今以後，凡是有利於亶父的事，你就自決自為吧。五年以後，再向我報告。」

子齊鄭重受命，從此得以正常行使職權，發揮才幹，亶父也得到了最好的治理。

這就是「掣肘」的典故。

後來孔子聽說此事，讚許道：「此魯君之賢也。」

古今道理都是一樣的。管理者在用人時，既然給了下屬職務，就應該同時給予其職務相稱的權力，放手讓下屬去做，不能處處干預，只給職位不給權力。

用分權來制權

春秋戰國時期，齊桓公不計前嫌任用管仲傳爲千古佳話。但是這個故事背後所隱含的集權與分權故事，更能警策後人。

齊桓公在任命管仲之前曾經徵求臣下的意見，讓同意的人站左邊，不同意的人站右邊，唯獨東郭牙站在中間。

齊桓公不解，問之。

東郭牙說：「您認為管仲具備平定天下的能力與成就大事的決斷力，還不斷增擴他的許可權，難道您不認為他也是一個危險人物嗎？」

齊桓公沉默了一會兒，最後點頭。於是，便任用了鮑叔牙等人牽制管仲。

這個故事告訴我們：首先，管理者要懂得分權，要像齊桓公那樣敢於分給管仲等人相當的權力。管理說到底，就是用人成事的藝術，管理者只有善於發現賢能之士而授之以權，使之各負其責，各盡其能，各展所長，才能成就一番事業。

其次，在分權的過程中，要防止集權現象的產生。管理者應明白，權力不受監督制約，就必然產生腐敗，設法在下屬之間形成權力制衡關係，就能防止少數人專斷而產生腐敗現象。

爲了防止權力腐敗，任何人的權力都必需接受監督和制約。人類社會發展到現在已經不同於千百年前的專制王權，所以權力制衡絕對是必要的，但這主要是爲了防止某些人的個人專斷和權力變異，而不是爲了鞏固領導階層的權力，更不是分權治下的權術。

歷史上所記載行政制度，十分重視分權制衡的必要性。秦漢時代，中央設立三公九卿。三公指丞相、太尉、御史大夫，他們同爲宰相。丞相總領百官，處理萬機，爲國家最高行政首長；太尉掌軍事，一般由皇帝親自兼任，或缺而不授；御史大夫掌圖籍章奏和監察。這樣一來，便是行政權、軍事權、監察權分立。丞相地位最高，權力最大，上聽命於皇帝，下有御史大夫監察彈劾。而且丞相又分左右，因此丞相權力雖大，要受的牽制也頗多。太尉負責國家軍事，廢置無常，掌武官的選授和考核等，但無調兵權。御史大夫地位比丞相、太尉要低得多，但可以監察文武百官，糾彈丞相、太尉。

這種互相牽制的藝術固然可以使權力均勻分散，讓重要權力集中於中央、君主，然而也存在一些弊端，比如：多設官吏會造成機構臃腫，人浮於事，影響行政效率。而且多設官吏，正職之外又設副職和監察官，目的就是要互相監督牽制，禁止別人以權謀私。但如果副職、監察官也想以權謀私，誰會來禁止他們呢？若是再派人牽制副職、監察官，官員又更多了。

因此，分權制衡要有明確的目的和對象，不能盲目安插職位，以免陷入北宋末年因冗員過多而不得不變法改革的困境。

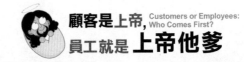

要駕馭好集權和分權兩者，並非易事。松下幸之助採用的辦法如下：

松下公司的各個事業部都是權、責、利獨立核算的經營單位。事業部的部長被授予類似總經理的大部分權力，在產品開發和人事、財物，以及供、產、銷等部分，都有自主權。另一方面，事業部又要接受總公司的財務管理和嚴格考核。

松下幸之助靈活地運用這個制度，不斷地根據企業內外環境的變化，對集權和分權進行合理調整。

有了良好的組織機構，還需輔以合理的責任，使每個部門各司其職，高效率地完成各自承擔的任務，使整體企業建立在合理明確的職務、責任、權力分工，和合理的利益分配基礎之上。這樣不但有利於克服職責不清、功過不分、不講效率的現象，也可以增強員工的事業心和責任感，發揮其主動性和創造精神。

尊重「層級管理」

現今的民營企業，尤其是小型企業，由於組織結構的不完善或是運作機制的不成熟，經常會發生越權管理的事情。

在私營小企業中，尤其是只有十個人左右的企業，很多事情如果老闆不親力親爲，根本找不到人來做。這時過於嚴苛的組織架構和運行機制，就會拴住企業的手腳，使企業喪失小規模特有的「靈活性」。因此，所謂的「越權管理」，在某些情況下還是有其積極性意義。只是要注意把握分寸，如果主管控制的「閒事」太多，甚至完全忽略中階幹部，就會造成權力不清、章法全無的混亂局面，這會對企業的管理效率帶來極大的傷害。

有一位高階經理一度十分相信「事必躬親」的威力，認為管理者一定要隨時站在第一線。所以不論大事小事，他都要親自過問，甚至直接參與最基層的管理。他對自己與員工之間能夠「打成一片」的做法很是得意。

久而久之，公司裡的中階幹部開始變得無精打采、委靡不振，每天在公司裡晃來晃去找不到事做，工作效率和執行力都急劇下降。不管主管安排了什麼事給中階幹部，他們都推三阻四，半天拿不出一個像樣的結果。

剛開始發現這種現象時，高階經理非常憤怒，把這些整天無精打采的中階幹部都叫到辦公室訓了一頓，但收效甚微。直到有一天，一位中階幹部對他敞開心扉說了實話，他才恍然大悟。

由於他過分的越權管理，已經嚴重侵犯了中階幹部們的領地，讓他們無所適從，不知道自己該幹什麼，因爲這裡根本沒有他們發揮自身能力的機會。更嚴重的是，由於高階經理直接面對基層員工，所以基層員工只要對中階幹部稍有不滿，隨時都可以像高階經理告狀。每當這種時候，這位高階經理應對的辦法就是在第一時間把中階幹部叫過來教訓一番。時間一長，中階幹部們根本管不住下屬，甚至有些人還開始懂得「識趣」了，既然管了還得罪人，那誰還去操那份心呢！從此，公司的中階幹部們「事不關己，高高掛起」，再也無心做事了。

聽了那位中階幹部的「肺腑之言」後，他開始深刻反省自己過分越級管理的害處，時時注意維護中階幹部的權威，讓他們有權可用。試驗了一段時間後，情況果然改觀，中階幹部們又恢復了以往的活力，重新找回久違的工作熱忱。他們不再有所顧忌，敢作敢當，工作效率與執行力也得到了明顯的提升。

所以，總是「身先士卒」、「站在第一線戰鬥」的領導者未必是好主管。管理者應該善於使人做事，而非自己做事。層級管理一定要得到尊重與落實。實行層級管理有幾項優勢：

一、管理層次得以簡化，領導重心下移，提高管理效率。

二、有助於讓管理更加細緻。

三、有助於充分發揮各部門間的職能作用。
四、有助於改善領導者和員工之間的關係。
五、有助於各部門間競爭局面的形成。
六、有利於青年幹部的迅速成長。

層次不在多而在精

一個企業發展壯大，主要應該表現在生產規模的擴大、制度規範化和人性化、管理階層和基層員工的素質提高。若企業的壯大，只是表現在管理團隊越來越複雜龐大，這時一個「臃腫」的管理階層不僅無法產生積極作用，還會成爲企業的累贅和負擔。

ＭＣＩ電信公司總裁威廉·麥高文每隔半年便會召集新聘用的經理們開一次會議，在會議上他總會說：「我知道你們當中有些人是從商學院畢業的，而且已經開始繪製組織機構一覽表，還為各種工作流程撰寫了指導手冊。我要說，一旦有人被我發現這麼做，就立即解雇。」

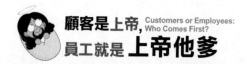

每次開會的時候，麥高文都明確表達出這項觀點：每一位員工——包括高級管理人員——都不要為了工作而相互製造更多的工作。甚至他還鼓勵大家對每一個工作崗位及管理階層提出質疑，看看它是不是真的需要被設立。比如，兩個管理層次是否可以合併？每個職務所創造的價值是否超過了必需花費的費用？這個職位的存在，是否是在製造不需要的工作，而不是對生產有益？如果答案為「是」，那就合併或精簡它。

麥高文懂得一個道理——那就是公司每增加一個管理階層，實際上就是讓最基層與最高層的人員之間，在交流上又隔開了一層。所以MCI公司力求避免這種情況。

由於精簡了管理層次，MCI上下溝通順暢、快捷、有效，每個人都在努力地做最有生產力的工作，整個公司因而充滿生氣和積極氣氛，工作效率大大提高。

其實，不僅僅是MCI，其他管理完善、極富效率的優秀公司，也都曾爲此努力過，它們的特點大都是人員精簡、管理層次少。例如：愛默生公司、施倫伯格公司、達納公司，他們的年營業額都在三至六億美元之間，而每個公司總部的員工都不超過一百人。這些公司的負責人都明白，只要安排得當，五個層次的管理可以比十五個層次的管理要有效率。

簡化管理層次，鼓勵人們減少不必要的工作，正是優化管理的核心。一般來講，企業規模越大，管理層次越多；在業務量不變的情況下，管理層次越多，所需人員越多，企業運行成本就越高。所以，只要在企業能夠正常行使管理職能的前提下，管理層次越少越好。

較精簡的管理層次，會呈現扁平化的組織結構，這種結構具有以下四種優越性。

一、有利於提高管理效率

管理層次越少，高層主管和基層人員之間的指導與溝通越緊密，工作視野也就越寬廣、直觀，更有利於把握市場經營機會，使管理決策快速準確。

二、有利於精簡組織結構

既然要減少管理層次，必然也會精簡一些部門，尤其是不適應市場要求，且能夠以電腦系統簡化或替代的部門。

三、有利於培養管理人才

既然組織結構的層次減少，一般管理人員的業務範圍和責任必然會得到放大。這樣一來，下屬的工作積極性、主動性和創造性就能夠得到鼓勵，使命感和責任感也會得到加強；並且有利於培養下屬獨立工作的能力，更可以訓練出一批新的管理人才。

四、有利於節約管理費用

在管理層次減少、人員精簡，加上發揮電腦的輔助與替代功能，實現辦公無紙化、資訊傳輸與處理網路化之後，隨之而來的，當然就是辦公費用及其他管理費用得到大幅的降低。

中階幹部不能太「胖」

有人針對三十九家美國公司進行了調查，研究結果發現，成功與不成功的公司最大區別在於「單純與否」。只有單純的組織才最適合銷售複雜的產品。

事實的確如此，大部分優秀公司的管理階層員工相對較少，員工更經常在實際工作中解決問題，而不是在辦公室裡審閱報告。它們的組織結構只有一種關鍵的特性：簡單。只要具有簡單的組織形式，只需要很少的員工就可以完成工作。

管理學家們針對優秀公司的組織結構進行研究之後，得出這樣一個結論：大型公司的核心領導階層沒有必要超過一百人。這又被稱爲「百人規則」。

愛默生電氣公司擁有五點四萬名員工，但公司總部員工少於一百人。施盧姆貝格爾探油公司是一家擁有六十億美元資產的多元化石油服務公司，只用了大約九十名管理階層員工，經營著這個版圖橫跨全球的大帝國。麥當勞的管理人員也很少。這些都正符合雷・克羅克那句經久不衰的格言：「我相信公司的管理應該是『人越少越好』。」全球零售業大王——沃爾瑪公司創建者薩姆・沃爾頓說，他相信總公司總部空無一人的規則：「關鍵在於走進商店仔細傾聽。」

同樣的規則也適用於一些經營狀況良好的中小公司。當查理斯接管價值四億美元的克利夫蘭公司時，他被行政人員的人數嚇壞了。在幾個月的時間裡，他把總部人員從一百二十人減到了五十人。

這就帶出了一個議題：如何替組織減肥？美國聯合航空公司前任主席愛德華・卡爾森提出了一個水漏理論。在大多數公司，中階管理人員除了「阻止一些觀點向上傳遞，以及阻止一些觀點向下傳遞」這類的「整理工作」以外，幾乎真的沒有什麼作用。

卡爾森認爲，中階管理人員是一層海綿，如果中階人員少一些，將更能發揮好親身實踐管理的作用。美國通用電氣的前任ＣＥＯ傑克・韋爾奇在替通用減肥時，所採用的方法也是削減中階人員。

當傑克・韋爾奇在一九八〇年代初期走馬上任時，通用電氣從表面上看起來，正是美國最強大的公司之一。但韋爾奇隨著競爭者越來越強大，他希望通用也能夠變得更有競爭力。為了達到這個目標，韋爾奇認為自己需要一個流程順暢並懂得進取的通用。這意味著他必需將當時的通用，盡可能地精簡成為一個小得多的通用，使它像小公司一樣行動敏捷。

當時通用有四萬兩千一百名雇員，其中擁有管理者頭銜的，竟有兩萬五千名。大約有五百名高級管理職和一百三十名副總裁以上級別的管理職。通用的組織如此龐大，以至於平均每兩個雇員中，就有一個是管理者。

韋爾奇認為通用臃腫的組織已經成為累贅，浪費了通用無數的財富。

於是，他著力簡化組織。他將管理階層中屬於第二級和第三級（也就是部門和小組）完全刪掉。

在一九八〇年代，業務主管習慣向高級副總裁彙報，高級副總裁則是向執行副總裁彙報，他們都擁有自己的辦公職員。而韋爾奇改變了這種做法，結果是，十四個事業部領導人直接向首席執行官辦公室裡的三個人，也就是韋爾奇和他的兩個副總裁彙報。

一系列的改革之後，通用最高級別的董事長到工作現場管理者之間，級別從九個減少到四至六個。在當時其他類似通用規模的公司，通常會有五十個副總裁。但韋爾奇減少了高級管理階層，每個事業部只留下十個副總裁，這樣他就可以直接和事業部管理者交流了。

事實證明，新的組織架構驚人地乾淨俐落、簡單有效。新想法、創見和決策，得到超高速的傳播。在以前，這一切總是會在繁文縟節和壓抑沉悶的層層關卡中，遭到阻塞和扭曲。韋爾奇的「通用減肥行動」，無疑成效卓著。

所有複雜的組織都會存在資源浪費和效率低下的問題，使得管理者無法把目光專注在應該關注的事情上，而汲汲營營於數目極其龐大又昂貴無生產力的活動。因此，想使組織更有效率、更有活力，就必需爲中階領導階層減減肥了。

現代企業面臨的最大問題之一，就是企業結構臃腫帶來的管理成本增加，有時管理成本甚至會超過交易成本。企業結構臃腫也帶來另一個問題：不能靈活地行動。所以，中階管理階層不宜太臃腫，扁平式的組織結構，可以讓企業變得更靈活機動。

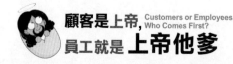

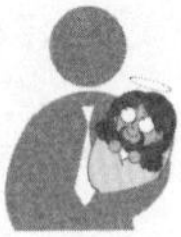

不要欺負中階幹部

有兩種「極端派」老闆，一種是「極端官僚主義者」，他們非常相信中階幹部的話，甚至站在中階幹部同陣線「欺負」基層員工；另一種是「極端民主主義者」，他們總認爲「真理掌握在老百姓手中」、「群眾說的就是對的」，並且常常幫著基層員工「欺負」中階幹部。

這兩種管理方式都是不合理的，尤其是幫著員工「欺負」中階幹部。

隨著近幾年官僚主義作風受到打壓，民主風氣盛行，某些企業的中階幹部們可說是進入了「黑暗時代」。因爲企業的老闆或高官們，開始過度重視基層的聲音，只要基層員工打主管的小報告，他們馬上就會把這些中階幹部叫來臭罵一頓，爭著爲基層員工「做主」，搞得中階幹部在下屬面前灰頭土臉、威信全無，再也不敢放手管理了。

其實相對於官僚主義，這種過分的民主危害更大。原因很簡單，中階幹部在任何一種組織型態之中，都是最重要的環節，擔負著承上啓下的作用。既要領會並完整傳達高層的意見和方向，又要承擔管理基層員工，並具體執行業務的責任。中階幹部就像一個承載著企業前途與命運的齒輪，只要出現故障，企業這架龐大的機器，就會頃刻間崩壞。

所以，老闆與高層管理者一定要倍加珍惜與呵護中階幹部，因爲他們真的「傷不起」。

有很多老闆和高階幹部總是喜歡在基層員工面前訓斥中階幹部，甚至是毫不留情的臭罵。以爲這樣做可以顯示公司的民主，順便炫耀自己的權威。他們一邊罵中階幹部一邊在心裡想：看見了沒？平時在你們面前呼風喚雨的小頭目，到了我面前還不是像個小弟，只有挨罵的份？記住，我才是真正的「大哥」！

很多情況下，老闆和高階幹部甚至會故意這樣做。爲了顯示權威，找到機會就小題大做，隨便臭罵中階幹部一通。久而久之，中階幹部變得不敢管事，也不願意管事，承載企業前途和命運的「齒輪」，因此逐漸鈍化，終於失去其應有的功能。一個中階幹部機能失調的企業，必將迎來整體的衰退，直至最終滅亡。

並不是所有的百姓都是善良的，「民」中偶爾也會有「刁民」存在。畢竟大部分人都不懂得管理學，社會上人情關係更是錯綜複雜，就算本質善良的人，也會因爲思維受到了局限，而變成「刁民」。在這種環境下，中階幹部若是大刀闊斧地管理，必然會得罪人。而對中階幹部們心懷不滿的人，一旦碰到一位高唱重視民意的老闆，肯定會去哭訴。老闆若是聽信一面之詞，就會迫不及待地「見義勇爲」，因而掉入某些人的圈套，遷怒於中階幹部，讓自己成爲打手。

退一步講，即使中階幹部真有不對的地方，有必要受到責備，也應該注意責備的方式，不要過分刺傷他們的自尊心。更重要的是，要充分顧及他們在下屬面前的面子與權威，切忌在下屬員工面前不留情面的痛斥。

如果中階幹部在下屬面前顏面盡失的話，就會逐漸失去威信，甚至被員工看不起。這樣做不但會嚴重傷害中階幹部的工作積極度，而且也會妨礙到他所帶領的團隊執行力，最終貽害公司的整體利益。

總之，老闆和高階主管們千萬不要隨便「欺負」中階幹部，他們真的「傷不起」。

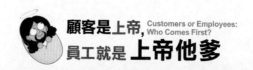

別讓中階幹部做基層工作

每一個稍具規模的企業都有基層、中階和高層之分，但也都會出現這樣的現象：中階幹部做基層工作，高層主管做中階幹部的工作，甚至連基層工作也一起包了。

一位名人說過：「中階幹部只有兩種選擇：成爲大氣層，把來自高層的大部分熱量（策略能量）都折射損耗掉；或是做放大鏡，把太陽光聚集到一點，將紙點燃。」

大多數中階幹部都是從基層一路提拔起來的，所以他們很容易犯一個錯誤：沒有掌握好自己的位置，職位雖變了，思維卻沒變。明明已經當上了團隊領導者，思考方式卻還是一個員工。

當中階幹部出現這樣的問題時，主管應該及時點醒，而非將中階幹部甚至連基層的工作都攬到自己身上。

松下幸之助說過一個案例。

一九三三年七月，松下發現家用設備中，使用小馬達做為驅動的電器愈來愈多，於是松下決定投資開發小馬達。

過去馬達都是用在工業機器裡，家用電器現代化之後，類似電風扇等家電湧現，這些家電都需要用到小馬達。松下相信，家用電器大量使用小馬達的時代即將到來。於是，松下幸之助委任一位表現非常優秀的研發人員擔任新產品研發部的部長。

這位同仁接受任務後，便著迷地將部下帶回來的小馬達拆卸開來研究。有一天，松下幸之助正好經過中階幹部的實驗室，看到他這麼著迷，卻狠狠地罵了他一頓。

松下對他說：「你是我最器重的研究人才，可是你的管理才能我實在不敢恭維！公司的規模已經相當大了，研究專案日益增多，你即使每天忙四十八小時，也不可能忙完那麼多的工作。身為研發部部長，你的主要職責就是造就十個、甚至一百個像你這樣擅長研究的人，否則我為什麼要你擔任研發部部長呢？」

中階幹部的任務，就是看準部門的目標，然後朝它衝刺。對目標的衝刺力道只要夠大，就可以超越原本的期望。一個公司的強大，一定是能量遞增的結果。中階幹部超越高層的期望，基層員工才有可能超越中階幹部的期望。所以，超越期望的關鍵，就是中階幹部。

作爲老闆，首先要懂得運用中階幹部，否則不僅事必躬親忙得脫不開身，還會打亂原本能使效率最大化的「層級管理」，得不償失。

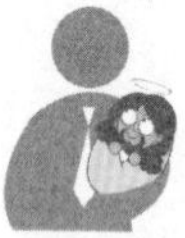

打造黃金中階幹部

中階幹部是承上啟下的管理者，一個企業能否有效地運作，能不能形成有戰鬥力的團隊，往往要看看企業裡有沒有優秀的中階幹部團隊。企業想擁有「黃金中階幹部團隊」，首重培訓。第一步就是理論上的培訓。

儘管中階幹部當中有些已經具備了一定的理論知識，但就整體而言還需要在深度和廣度上接受進一步的訓練。理論培訓是提高中階幹部管理水準和理論水準的主要方法，這種培訓的具體形式大多是短期、專題討論會等形式。主要是學習一些管理的基本原理，以及在某一專業的新進展，或是新的研究成果，或就一些問題在理論上加以探討。

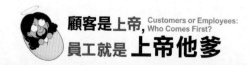

理論培訓有助於提高受訓者的專業知識，以及瞭解某些管理理論的最新發展動態，使其在實踐中及時運用最新的管理理論和方法。

德國有些培訓中心是這樣做的。爲了盡可能使理論與實際互相連結，提高中階管理人員解決實際問題的能力，他們在進行培訓時，會利用一種被稱爲「籃子計畫」的方法。在學員學習理論的過程中，把企業經常遇到並需要及時處理的狀況，編成若干有針對性的具體問題，放在一個籃子裡，由學員自抽自答進行討論，互相啓發和補充，以提高對某一個問題的認識和處理能力。

另外，爲了密切觀察受訓者的工作情況，還可以將其設爲副職。這種副職常常以助理等頭銜出現。有些副職是暫時性的，一旦完成培訓任務，副職就會被撤銷，但有些副職則是長期性的。無論是長期還是臨時的，擔任副職對於接受培訓的中階管理人員，都是很有益的。

配有副職的中階管理人員，就等於被授以部分權力，此時委派受訓者一些任務，並給予具體的幫助和指導，就可以培養他們的工作能力。而對於受訓者來說，這種方法既可以爲他們提供實踐機會，又可以觀摩並學習實際的分析及解決問題的技巧。

還有一個常見的培訓方式，就是有計劃地升遷。按照計畫好的途徑，使中階管理人員經過層層鍛鍊，從基層逐步提拔到高層。這種有計劃的升遷，不僅管理者知道，而且受訓者本人也知道，不僅有利於上級對下屬進行有目的地的培養和觀察，也有利於受訓者積極學習和掌握各種必備知識，爲將來的工作打下扎實的基礎。

每當有人度假、生病或因長期出差而出現職務空缺時，企業便可指定某個可培養的人來代理其職務。這樣就可以利用暫時的機會來考察並提高下屬的能力。這種方式既是培養的方法，同時對組織來說也很方便。代理者做出決策和承擔全部職責時，所取得的經驗是很寶貴的。如果他們只是掛名，不做決策也不真正進行管理，那麼在此期間能得到的訓練就很有限了。

除此之外，還可以對中階幹部進行職位輪調。所謂職務輪調，是讓受訓者在組織內部各個不同部門的不同主管位置或非主管位置上工作，以幫助其全面瞭解整個組織的不同工作內容，得到各種不同的經驗，爲往後在較高層次上任職打好基礎。職務輪調涵蓋範圍包括非主管工作的輪調以及主管職位間的輪調等。

還有許多具體的方法，例如：輔導、研討、參觀、考察、案例研究、深造培訓等等。總之，組織各部門在具體的培訓工作中，要因地制宜。根據企業自身的特點，以及受培訓人員的特點來選擇合適的方法，使培訓工作真正取得預期的成效。只有這樣，才能打造出一群真正的「黃金中階幹部團隊」。

分清管理型人才與業務型人才

如今有很多企業對管理的概念不明確，造成了管理和業務的關係混淆。其實，管理與業務本來就是兩碼事，業務能力好的人未必懂得管理，管理能力好的人也未必精通業務。

業務對企業來說，就是賺錢的具體途徑，而管理就是把賺錢這件事做好的方法。這兩個概念乍看上去似乎沒什麼區別，深究起來其實大有不同。做事的方法往往比事情本身重要，因爲只要有好方法，做起事來就能事半功倍，效率非常高。

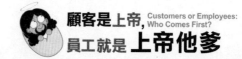

有很多企業都存在以業務能力來判斷管理能力的習慣。它們的用人思維是這樣的：提拔某位員工當經理，是因爲他的業績很出色，或是因爲他們

任職的時間長，業務經驗很豐富。

這完全是錯誤的邏輯。一個人的業績好，只能代表他自己的成績，但管理者是要對整個團隊負責的。將任職經歷長短與經驗是否豐富，作爲評價一個人是否適合擔任管理者的依據，難免有失偏頗。因爲任職的時間長，只能證明辦事的熟練度或許比較高而已，未必能證明做事的理念先進、思維明晰、富創造性、高效率。熟練度高未必能證明做事的品質，這是兩碼事。而且豐富的經驗和高熟練度往往會讓人受到制約，使人變得固執，缺乏進取與創造性。

我們經常聽說資深同仁爲了否定新人的創新建議，而說出這樣的話：「在這個行業裡，你做的時間長還是我做的時間長？」這麼一句蠻不講理的話，往往會把新人堵的啞口無言，進而扼殺了很多富有創造性的想法和建議。一件事情的對與錯，應該取決於這件事情本身，而非取決於誰做這件事情的時間有多長。如果要否定一個人，就應該拿出能夠否定這件事的證據，而不是擺出老資格。

實際上，在現實生活中，這種思維的害處已經無所不在了。我們經常可以看到在基層崗位業績非常耀眼的人才，一旦被提拔到管理崗位後便迅速凋謝；很多管理得一塌糊塗的企業，其實並不缺乏擁有深厚經驗的業務高手。

「管理型人才」和「業務型人才」有很大區別，一個好士兵未必能成爲一個好將軍。作爲主管，一定要將這兩類人才分清，才不致於埋沒人才，誤了大事。

用人就要用其最突出的地方

作爲一個管理者，應該一分爲二地看人，某個人在某方面的能力突出，就一定有不突出的一面。所以管理者在使用人才時，必需準確把握優勢和劣勢，發揮其長處，避免其短處。

柯達公司在生產照相感光材料時，工人必需在沒有光線的暗室裡操作。因此，培訓一個熟練的工人需要相當長的時間，並且沒有幾個工人真的有能力從事這樣的工作。但柯達公司很快就發現盲人在暗室裡能夠行動自如，只要稍加培訓和引導就可以開始工作，而且他們甚至能夠比正常人熟練得多。於是，柯達公司開始大量招聘盲人來從事感光材料的製造工作，把原來的工人調到其他部門。

柯達公司充分利用了盲人的特點，既提供了就業機會，也大大提高了工作效率。這不能不歸功於管理者高明的用人策略。

由此可見，只要用人得當，缺點也可以變成優點。事實上，一個人的優點和缺點永遠不會是一成不變的，而且長處和短處總是相伴相生。有些長處比較突出、成就比較大的人，缺點也往往比較明顯。至於那些藝高膽大、才華非凡，但由於某種原因受人歧視、打擊，而有爭議的「怪才」，管理者更要理解他們的苦衷，尊重他們，爲他們提供發揮才能的空間。如果管理能夠跳出傳統的思維制約，從客觀方向出發，有針對性地用人之短，往往能產生意想不到的效果。

某家公司的招聘登記表格中，有一欄：「你有什麼短處？」

一位女工來應聘，在這一欄填上了：「工作比較慢，快不起來」。

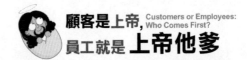

朋友一致認為她不可能被錄取，誰知最後老闆親自拍板，錄用了這位女工，讓她擔任品質管制員。老闆說：「慢工出細活，她工作慢，肯定細心，讓她當品質管制員一定錯不了。再說，她應徵過許多地方的工作，都沒有被錄用，到這裡獲得錄取，一定會認真工作。以後，我們公司退貨一定能大幅減少。」

結果，正如老闆所預言，她的工作成績顯著，退貨狀況的確減少了。

在這個案例中，老闆充分發揮了「從短見長」的才智，發揮了各人的優勢。管理者需要注意的地方是：越是天才越有缺陷。有缺陷的天才就因爲他有著某一方面的欠缺，才有了另一方面的優勢。反之，樣樣精通的人成不了天才。因爲樣樣都會的人，意味著他樣樣都不精。畢竟只有專注、專一、專心，才有可能成爲天才，因此管理者有時也必需接受一些必要的犧牲。

傑生就是一個這樣的人。傑生在化工公司擔任技術員。他的專業能力很強，不僅對自己工作範圍內的技術問題能夠輕鬆解決，還時常跨部門研究，幫助別的部門同事搞定難題。

他對研究技術表現出超乎常人所擁有的興趣，經常為了弄懂一個小問題而加班到深夜。公司很器重他，不僅送他去進修，還時常讓他擔任研究專案的負責人。而傑生也每次都能出色地完成任務。

但是傑生有一個致命缺點，那就是不善於與人溝通，缺乏團隊合作精神。在部門內，只要別人不喊他的名字，他絕對不會說話。由他所帶領的研究專案，在分配工作時，他往往只是簡單地發給大家一個任務表和計畫表，就不再交代什麼。部下們每次都要反反覆覆地找他溝通好幾次，才終於弄明白各自的任務重點。並且他很固執，當別人與他探討技術方案的時候，無論對他所提出的方案有任何反對意見，他都不接受，即使只是細小的修改他也都寸步不讓。總經理感到很頭痛，但卻苦無良策。

可是他在技術上的能力的確可以創造更大的利益，唯一的辦法就是委屈其他人，任由他以自己的性格去主導工作。

需要提醒的是，管理者在任用有缺點的下屬時，需要掌握一個重要原則，就是要做好控制，不然就會縱容下屬犯錯。

有家鞋廠的會計在管帳時經常出錯。但他有一個優點：交際能力很強。於是，總經理把他調到行銷部門。待了一年之後，果然業績斐然。這件事被傳為美談，員工們認為總經理慧眼識英雄，把石頭變成了金子。

但一次偶然的機會裡，公司要他負責購進原料。由於他的粗疏大意，被別人以次充好，公司一下子損失一百多萬。

在很多管理者眼中，短處就是短處。殊不知，短處也可以是長處。即所謂「尺有所短，寸有所長。」清代思想家魏源說：「不知人之短，亦不知人之長，不知人長之中之短，不知人短中之長，則不可以用人。」

古代智慧充滿了辯證，就看管理者是否具備這樣的眼光。

用信任串聯上下

在企業中，如果管理者對下屬充分信任，相信下屬能夠獨當一面，那麼下屬也會極力配合管理者的領導，並且堅信管理者能夠讓企業飛黃騰達。只有這樣，管理者才能放心大膽地授權給下屬，允許其充分展示自己的才華。也只有這樣，下屬才能在心理上建立起一種忠於企業的信任感，積極配合企業的方針努力工作，爲工作目標而努力。

第二次世界大戰結束後，有人曾問艾森豪，成功的領導公式應該是什麼？這位聯軍的最高統帥果真給出了一個公式：「授權＋贏得追隨＋實現目標。」

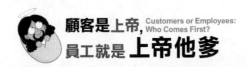

他認為，領導人必需獲得部下毫無保留的支持，但這種支持不是靠威逼斥責，而是靠信任部屬，把權力下放而來的。因此，在工作中，他盡可能把某些職權授予下屬，讓自己集中精力去做最重要的事。

艾森豪所說的「權力下放」，就是授權。即管理者授予被管理者一定的權力，以便被管理者能夠相對獨立自主地展開工作。授權便是管理者智慧和能力的擴展、延伸及放大，有利於管理者騰出時間，集中精力去議事、協調、管理全域，增強下屬的責任心和積極性，更能落實組織的各項任務。但是，合理的授權必需以充分信任下屬爲前提，所以管理者必需做到疑人不用、用人不疑。只有充分信任下屬，才能真正放開手腳讓下屬去做事，做到真正的授權。

管理者要想獲得員工的充分信任，就要利用日常機會培養員工的忠誠度，讓員工忠心耿耿，盡心盡職地爲自己「賣命」，只有做到這個程度，才能說明員工對企業已經產生了信任和忠誠。但是管理者該如何做才能培養出這樣的員工呢？這就要從以下七個策略入手，一步步培養出具有敬業精神的忠誠員工。

一、鼓勵創業，提升自我

公司應儘量給員工一個相對獨立的發展空間，讓員工有機會能夠拓展自己的事業，這也有助於企業的長期發展。事實上，很多員工都願意爲那些能給他們提供指導的公司賣命，因爲這就意味著能力不斷得到提升，對將來實現自我價值有很大作用。因此，留住人才的上策就是：盡力在公司裡扶植他們。

二、及時誇獎，增強自信

企業主應該多多誇獎員工，這樣才能夠增強員工的自信心，讓員工有一種得到讚賞的心理滿足感。柏靈汀培訓公司總裁鄧尼斯說：「你能對員工作出最有力的承諾之一就是：在他們工作出色之際給予肯定。」

三、放下架子，不斷授權

惠普公司是一個善於適當授權的公司。負責美國市場桌上型電腦的柏

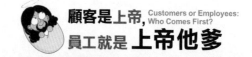

格說：「對我們來說，授權意味著不必等待管理人員做每一項決策，而是可以讓基層員工做出正確的決定，管理人員在當中只擔當支持和指導角色。」

四、坦誠相待，溝通及時

及時而有效的溝通和坦誠而真摯的心態，是每一位員工都願意接受的一種態度。試想，如果管理者在頭一天還當著全體員工的面振振有詞地說企業未來將多麼前途無量，結果第二天員工就在報紙上看到企業瀕臨破產的消息，這將是一種什麼樣的感覺？這種謊報資訊的溝通方式，不僅不能鼓舞士氣，激發員工的戰鬥激情，甚至還雪上加霜，使員工產生不信任感，從此銳氣大減。因此，正確的解決辦法是，公開你的帳簿，讓每一個員工都能隨時查看公司的損益表。

五、挑戰極限，設立目標

很多職場工作者對於安安穩穩的完成一項工作專案已經不再感到滿足了，越來越多的員工希望自己的能力能夠獲得最大限度的激發，鬥志激昂的員工總是愛挑戰極限。這個時候，如果企業能不斷提出高標準的目標，不斷刺激他們挑戰極限、超越自我，他們就會留下，不斷爲企業創造價值。對此，管理顧問克雷格曾經說：「設立高期望值能爲那些富於挑戰的有賢之士提供更多機會。留住人才的關鍵是：不斷提高要求，爲他們提供新的成功機會。」

六、股票基金，經濟保障

很多人對金融市場帳戶和公共基金等一無所知，但每個人都必需爲退休進行計畫。所以很多企業即使不提供養老金，至少也會在員工的黃金期給予現金或股票。霍尼韋爾公司允許員工拿出百分之十五以下的薪金投入一個存款計畫，同時還允許員工半價購買等值於自己薪金百分之四的公司股票。另外，員工也可以在公開股市裡購買霍尼韋爾股票，而且免收傭金。霍尼韋爾的質檢部副總裁愛溫說：「這項政策旨在使所有霍尼韋爾員工都擁有公司的股份。如果你是能夠當家做主的老闆，就與公司和公司的未來休戚相關了。」

七、深化教育，不斷學習

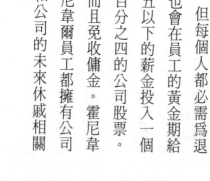

現代社會瞬息萬變，想在這個競爭激烈的社會中爭得一席之地，就需要不斷強化自己的專業知識，不斷提升自身修養，這樣才能不被時代所淘汰。在資訊市場中，學習絕非空耗光陰，而是一種切實需求。在這一部分，惠普公司就做得很好，惠普允許員工攻讀更高學位，學費百分之百都可以向公司報帳，同時也舉辦許多時間管理、公眾演講等專業進修課程，藉著拓寬員工的基本技能，使他們的服務更有價值。

「用人不疑」靠的是氣度

「用人不疑，疑人不用。」這句話所有的主管都會說，但真正做到的沒有幾個。一個善於用人的管理者，不僅不會輕易懷疑別人，甚至還能以巧妙的處理方式，顯示自己用人不疑的氣度，消除可能產生的離心力，使得「疑人」不自疑。很多古代君王便是精通此道的高手，唐太宗李世民就是其中之一。

唐太宗有一句至理名言，那就是「為人君者，驅駕英才，推心待士」。意思是說，身為一名君王，如果想要做到自如地駕馭英才，就必需做到對人才推心置腹，不懷疑他們，或對他們懷有戒備之心。唐太宗鑒於前朝隋文帝用人多疑的弊病，深感「君臣相疑，不能備盡肝膈，實為國之大害也」的教訓，採取了對人才洞然不疑的做法。

高祖武德三年，李世民勸降劉武周的將領尉遲敬德不久，尉遲敬德手下的兩個將領就叛逃了。有官吏據此認為，尉遲敬德必定也會造反，於是沒有向李世民請示，就將尉遲敬德囚禁於大牢中，並力勸李世民趕快將他殺掉。但是，李世民非但沒有殺掉尉遲敬德，反而把他放了，並且召其進入自己的臥室，溫語相慰，使之放寬心，臨分別的時候還送了他一批金銀珠寶。尉遲敬德被李世民的坦誠之心深深感動，發誓「以身圖報」。後來，他果然為李世民立下了汗馬功勞，甚至在李世民與王世充的鬥爭險境中救了李世民一命。

唐朝初期，政治清明，不存在朋黨之爭，但也偶爾會有一些小人利用唐太宗推行「廣開言路」政策的機會，故意誹謗君子，饞害賢臣。為了不使這些小人得逞，唐太宗決定採取法律措施，對誹謗、誣陷者均「以讒人之罪罪之」。貞觀三年，監察御史陳師合覬覦房玄齡、杜如晦的宰相之位，遂上奏譭謗房玄齡、杜如晦思慮有限。但唐太宗十分瞭解兩人的忠誠，識破了陳師合的彈劾只是妄事譭謗。於是對陳師合予以法律制裁，流放到嶺外，使真正的賢士良才安心任事，充分發揮他們治國的才華。

由於唐太宗用人不疑，推誠以任，所以不少突厥降將都願意肝腦塗地爲其所用。契苾何力就是一個典型的例子。

契苾何力原是一位突厥可汗的孫子，貞觀六年，他和母親一同歸屬唐朝，唐太宗將他安置在甘、涼二州一帶。後來，契苾何力與大將李大亮等攻打吐谷渾，建立了赫赫功勳。但薛萬均卻歪曲事實真相，告契苾何力意欲謀反。契苾何力回朝後馬上向唐太宗說明了真實情況，唐太宗對他更加信任，還把公主許配給了他。

有一年，契苾何力到涼州探親時，他的部下一致勸他歸降薛延陀，遭到他的堅決反對。在部下的脅迫下，他割耳自誓，堅貞不屈。

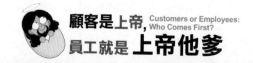

外界誤傳他已經叛唐，只有唐太宗自始至終都對他非常信任。從此以後，契苾何力對唐朝越發忠誠，唐太宗彌留之際，他還請求殺身殉葬，唐太宗堅決不許，他才作罷。

古人云：「疑則勿任，任則勿疑。」用人不疑，這是管理者必需注意的原則。唐太宗曾說：「但有君疑於臣，則不能上達，欲求盡忠慮，何以得哉？」把這句話推而廣之，用人者懷疑下屬，對其辦事不放心、不放手，就不能充分發揮下屬的作用。歷史上無數事實也證明，只要在知人的基礎上，做到疑人不用、用人不疑，就能成就大事。

沒有鬼點子，前途無「亮」

多觀察世界五百強企業就會發現，凡是生命力旺盛或具有很強創造力的企業，大都是比較會「想鬼點子」的企業——這裡的「鬼點子」絕對代表著正面意義——他們的員工總是會參加很多公司主辦的活動，管理者也經常會出一些整人的點子出來，不會讓員工閒著。

這並不是不務正業，反而恰恰相反，只有會折磨人、常折磨人的主管，才能帶出一支真正充滿激情的團隊。

每一個管理者在實際工作的過程中都會遇到一個非常現實又棘手的問題，那就是員工的激情會持續多久?無論剛開始多好的制度，多令員工激情澎湃的活動，當員工逐漸熟悉，逐漸徹底適應了它之後，難免會演變成一種

例行公事，而激情也會在麻木中悄悄地溜走。隨之，員工的惰性開始滋生，偷工減料變成一種常態，企業也開始逐漸走向下坡。

這不能說是員工的錯，因爲人人都喜歡新鮮感與刺激。讓員工長期保持激情，是每個管理者都應該重視的大事。否則管理者領著比員工多得多的薪水，難道只要坐在辦公室裡喝茶看報紙就夠了嗎？

管理者必需要學會出鬼點子折磨人，但要有方法和技巧，不能瞎折磨。

有些企業爲了激勵員工，設立了定期旅遊制度，優秀員工還有海外旅遊、休假福利。許多優秀的員工在年終時可以獲得國內外旅遊或休假的獎勵。這件事本身是一件好事，有利於激發員工積極性和對企業的忠誠度。但是，如果這些福利制度沒有伴隨著相應的創新，效果也只能是曇花一現。每每員工國外旅遊回來後，還是必需再次回到那個他早已熟悉到有些厭煩的工作環境，這時從異國帶回來的能量，開始迅速煙消雲散，整個人也會恢復到疲軟的狀態。甚至有的員工從旅遊回來之後，不但不能收心，還會因爲巨大的反差而開始厭惡工作，造成工作狀態更加低迷的後果。這對企業來說，無疑是賠了夫人又折兵。

某家大型集團公司一直存在著制度僵化的問題。許多制度死板、不合理卻仍被保留了下來，員工怨聲載道、士氣低迷，企業每天都是一副病快快的樣子。

老闆意識到了問題的嚴重性，便採取了一系列措施來挽回員工的工作熱情。可是不僅沒有效果，還讓員工對於公司的向心力進一步惡化，工作的激情更快速地喪失。

比如說，老闆規定每年夏天都要分批舉辦員工旅遊。這應該是一件好事，但不管旅遊回來的員工多麼疲勞，即使半夜一點才解散回家，第二天上午八點還是要準時上班，一點消除疲勞的時間都沒有。就算員工想請假也不可以，這家公司在給休假這件事上極其吝嗇，平均一整個月不到一天的休假也就算了，很多員工還要在沒有加班費的情況下早出晚歸。

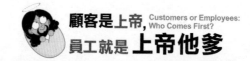

除了旅遊，這家公司每個月還會辦一場籃球比賽，都是安排在非工作時間。即使是晚上十點鐘，也要求所有員工必需參加，不上場的也要在場下助威。不到場的員工一律罰款，並且扣考績。

有一個員工的抱怨非常具有代表性：「下班後已經累個半死了，回家好好睡上一覺比較實在，誰還有力氣打什麼籃球！」

並不是讓員工爽一下就可以讓他們忘卻疲勞，如果那樣的話，所有人都能當管理者了。管理者用來激勵士氣的「點子」不僅要創新，還要迎合員工的心情，這樣才能真正幫大家找回熱情。

有一家日本工廠採用流水線的生產方式，每個環節與工序都非常簡單，不需要技巧，只要不停地重複。在這種環境下，工作肯定枯燥乏味。但是這家日本企業想出了方法，讓工人不感到那麼枯燥乏味。

他們培訓工人掌握所有工序的操作方法，然後為每個工序都編上號，讓工人每天都以完全不同的排號順序進入生產線。每隔一段時間就讓員工更換一次生產線，一切從頭開始。

既然員工每一天上班前都無法事先預知當天的工序與工作內容，每一天心裡都充滿了期待與興奮，就根本不會存在審美疲勞、缺乏激情的問題。

如果企業管理者想讓員工每天都充滿能量和激情，想要帶出一支有激情的團隊，就必需要做一個會「想鬼點子」的人，否則公司的前途無「亮」。

把廁所打掃乾淨，接下來就是見證奇蹟的時刻

把廁所打掃乾淨，跟公司的業績有什麼關係？這兩件事可以混爲一談嗎？

讓我們來簡單地推理一下。

假設有一家銷售汽車的旗艦店，這家店的管理者很喜歡折磨人，連最不起眼的廁所都不放過，總是要求員工將廁所打掃得乾乾淨淨，一塵不染。

如果這樣的話，這家店的展示廳會很髒嗎？基本上不可能；如果這家店展示廳很乾淨，那麼在店裡工作的員工會很邋遢嗎？基本上也不可能；如

果這家店的員工都很注重自己工作時的儀表，那他們的工作流程會一塌糊塗嗎？基本上還是不可能；如果這家店的員工人人都很有精神，工作狀態也很好，這家店的銷售業績會很差嗎？基本上一定不可能。

看吧，只是簡單的推理，就可以把「廁所打掃乾淨」和「公司業績好」這兩件看起來牛頭不對馬嘴的事情聯繫起來了。這不是強詞奪理，在很多情況下，乾淨的環境衛生，完全可以成爲競爭過程中的致命殺手鐧。

假若社區附近有兩家小飯館，這兩家飯館提供的飲食無論價錢還是品質上都一模一樣，硬軟體設施以及與社區之間的距離也完全相同，只有一點不一樣：一家店環境衛生非常好，店裡明亮整潔；另一家店髒得不得了，蟑螂出沒蒼蠅亂飛。這兩家店，哪家的生意會更好？

相信絕大多數人都認爲環境衛生比較好的那家店生意會更好，我們肯定也更願意去那家乾淨的店就餐。

其實事實要比我們想像的殘酷很多。如果真的存在這麼兩家店，環境衛生不好的那家店不僅僅是業績不如乾淨的店而已，甚至用不了多久就會倒閉，幾乎沒有任何生存的可能。因為兩家店所提供的商品、價格、服務以及硬體設施等都是一樣的，既然所有條件都相同的情況下，環境衛生這一點差別，就會是致命傷了。

環境衛生並不只對餐飲業影響巨大。任何一個企業或一家店面，只要不是壟斷性質或依靠品牌效益，在相同的競爭環境下，衛生不過關就很難生存。在大部分人的觀念中，廁所就是一個應該髒的地方，乾不乾淨無關緊要。但是如果一個企業或一家店連廁所都打掃得很乾淨，那他們的產品會不好嗎？

想要公司的業績在同行中出類拔萃很簡單，只要在環境衛生上多一份心，尤其是廁所，接下來就是見證奇蹟的時刻。

果斷地將害群之馬炒魷魚

幾乎在任何企業團隊中，都會存在幾個「麻煩人物」，他們通常不太會爲組織增添太多光采，反而會拖住團隊的後腿，將事情弄得更加糟糕。這就是團隊中的害群之馬。

管理者千萬不要忽視一兩個害群之馬的破壞力，他們可以讓一個高效率的部門迅速變成一盤散沙。我們總說：「破壞總比建設容易。」一個巧匠花費時日精心製作的瓷器，只需要一秒鐘就可以破壞掉。團隊中只要有一個害群之馬，即使擁有再多的能工巧匠，也不會有多少像樣的工作成果。作爲管理者，遇到這樣的情況，若想保持團隊的高效率，你只有一個選擇——按下「Delete」鍵，迅速將其清除掉。

通用電氣CEO傑克・韋爾奇對待害群之馬非常乾脆。

每年，通用的高階幹部都被要求將團隊的人員分類排序，其基本構想就是強迫公司主管對他們所領導的團隊進行區分。

他們必需區分出自己的團隊中，哪些人是最好的百分之二十，哪些人是中間的百分之七十，哪些人是最差的百分之十。

如果團隊裡有二十個人，那麼公司會要求提供前百分之二十最好的四位，和後百分之十最差的兩位名單——包括姓名、職位和薪資待遇。表現最差的員工通常都必需走人。

韋爾奇把員工分為A、B、C三類。

A類是指：激情滿懷、思想開闊、富有遠見。不僅自身充滿活力，而且有能力帶動周圍的人。他們能提高企業的生產效率，同時還使企業經營充滿情趣。

B類員工是公司的主體，也是業務經營成敗的關鍵。企業必需投入大量的精力來提高B類員工的水準。並期待他們每天都能思考一下為什麼自己沒有成為A類。而各部門主管的工作，就是幫助他們進入A類。

C類員工是指那些不能勝任自己工作的人。他們更常做的事情是打擊別人，而不是激勵；是使目標落空，而不是使目標實現。管理者不能在他們身上浪費時間，那對團隊沒有任何好處。C類就是所謂的害群之馬

韋爾奇規定，區分出三類員工後，就必須按照等級進行獎懲。A類員工得到的獎勵應當是B類的兩到三倍，另外還可以獲得大量的股票期權。對B類員工，每年也要確認他們的貢獻，並提高工資，B類員工之中大約百分之六十到百分之七十也會得到股票期權。至於C類，不但什麼獎勵也得不到，還要承擔被淘汰的後果。

很多管理者會認爲，剔除落後的百分之十員工，是殘酷或者野蠻的行徑，事實恰恰相反。平庸的員工不僅對優秀的團隊而言是一種傷害，對員工本身也並沒有什麼好處。讓一個人待在他不能成長和進步的環境裡，才是真

正的「假慈悲」，對任何一方都沒有好處。

一湯匙酒倒進一桶污水中，你得到的是一桶污水；一湯匙污水倒進一桶酒中，你得到的還是一桶污水，這就是有名的「酒與污水定律」。如果一個高效率的部門裡混進一匹「害群之馬」，組織的健全就可能會遭到全盤破壞。所以對於管理者來說，處理害群之馬最好的方法，就是馬上給他一盤「炒魷魚」。

及時修好第一扇被打碎的窗

如果窗戶被打破後沒有及時修復，就會導致更多的窗戶被打破。這就是著名的「破窗理論」。

由美國政治學家威爾遜和犯罪學家凱琳提出的「破窗理論」指出，環境可以對一個人產生強烈的暗示和誘導。如果有人打壞了建築上的一塊玻璃，又沒有及時修復，別人就可能受到某些暗示，而去打碎更多的玻璃。久而久之，這些窗戶就會給人一種無序的感覺，在這種麻木不仁的氛圍中，犯罪就會滋生、蔓延。

想「引導」出一個好的環境，除了要維護外，還必需及時修好「第一扇被打碎的窗戶」。

對於企業來說也是如此。放有財物的地方大門敞開，可能使本無貪念的人心生貪念；對於違反公司規定的行爲沒有進行嚴肅處理，則往往使類似行爲再次重複發生；對於工作不講求成本效益的行爲，上級主管不以爲然，導致下屬的浪費行爲沒有得到糾正，就會使這種浪費行爲日趨嚴重。由此可知，在問題初始階段就及時予以糾正和處理是十分必要的。

美國有一家公司，以極少辭退員工著稱。一天，工人傑瑞為了趕在中午休息之前完成三分之二的零件加工任務，就把切割刀前的防護擋板卸了下來放在一旁，因為這樣工作起來會更快捷一點。

大約過了一個多小時，傑瑞的舉動被無意間走進廠房巡視的主管看到了。主管大聲怒斥了半天，並表示要扣傑瑞一整天的薪水。

被主管訓斥了一頓之後，傑瑞便以為事情結束了。沒想到第二天一上班，就有人通知傑瑞去見老闆。在那間傑瑞接受過好多次鼓勵與表彰的總裁室裡，傑瑞聽到了要將他辭退的處罰通知。

總裁說：「身為老員工，你應該比任何人都明白安全對於公司意味著什麼。你少完成的零件，少實現的利潤，公司都可以換個人、換個時間去補起來，可是你一旦發生事故失去了健康乃至生命，那是公司永遠補償不起的……」

離開公司的那天，傑瑞流淚了。在那裡工作的幾年裡，傑瑞有過風光，也有過不盡如人意的地方，但從未有人對他說過不行。但這一次不同，傑瑞知道這次他觸犯的是公司最重視的安全。

當組織中出現錯誤或偏差行爲，而管理者未立即處理，久而久之團隊其他人就會開始仿效，不只影響組織正常運作，也會造成領導階層的困擾。

對於管理者而言，「破窗理論」傳達的是一項道理：任何一種問題的存在，都有其含義，都是在傳遞某種資訊。當這個資訊沒有獲得適當的處理時，就有可能導致問題擴大。因此管理者必需在問題發生的當下，就要及時進行糾正與補救。

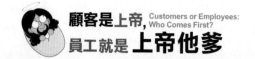

必要時，殺雞儆猴

殺雞儆猴是善使權術之人用來威懾人心的慣常手段，雖然其中少不了陰晦的色彩，但卻百試不爽。作爲一名企業管理者，如果「殺雞儆猴」的手段運用得當，就能在員工心中立威，方便管理政策的落實。

齊國的孫武是偉大的軍事家，被譽為兵學的鼻祖。他因內亂逃到吳國，把自己所著的兵法敬獻給吳王闔閭。

闔閭說：「您寫的兵法十三篇，我都細細讀過了，您能當場演習一下陣法嗎？」

孫武回答說：「可以。」

吳王又問：「可以用婦女進行試練嗎？」

孫武又答道：「可以。」

於是吳王派出宮中美女一百八十人，讓孫武演練陣法。孫武把她們分成兩隊，讓吳王最寵愛的兩個妃子擔任隊長，每位宮女手拿一把戟。

孫武問她們：「妳們知道自己的心、左右手和背的部位嗎？」

她們都回答：「知道。」

孫武說：「演習陣法時，我擊鼓發令向前，你們就看著心所對的方向；擊鼓發令向左，就看著左手所對的方向；擊鼓發令向右，就看著右手所對的方向；擊鼓發令向後，就轉向後背的方向。」

她們都齊聲說：「是。」

孫武將規定宣佈完畢，便陳設斧鉞，又反覆強調軍法。

一切準備妥當後，孫武擊鼓發令向右，宮女們卻嬉笑不止，不遵奉命令。

孫武說：「規定不明確，口令不熟悉，這是主將的責任。」於是他重新申明號令，並擊鼓發令向左，宮女們仍然嬉笑不止。

孫武說：「規定不明確，口令不熟悉，這是主將的責任。現在既然已經明確，你們仍然不服從命令，那就是隊長和士兵的過錯了。」說罷，命令斬殺兩名隊長。

當時吳王正站在閱兵台上，見孫武要斬殺兩個愛妃，大吃一驚，急忙派人向孫武傳令：「我已經知道將軍善於用兵了。沒有這兩個愛妃，我連吃飯也沒有味道，請您不要殺掉她們。」

孫武回答說：「臣既已受命為將帥，就應該盡職盡責做好分內的事。將帥在處理軍中的事務時，君主的命令如果不利於治軍，可以不接受。」

說完，仍舊命令斬殺兩名隊長示眾，並重新任命兩名宮女擔任隊長。

接著孫武再次擊鼓發令，宮女們這回果然按照鼓聲向左向右，向前向後，跪下起立整齊劃一，一舉一動完全符合孫武的要求，沒有一個人敢發出嬉笑聲。

春秋時期齊國的田穰苴也是一個軍令嚴明的人。

當時齊景公任命田穰苴為將，帶兵攻打晉燕聯軍，又派寵臣莊賈做監軍。臨行前，穰苴與莊賈約定第二天中午在營門集合。第二天，穰苴早早到了營中，下令裝好作為計時用的標杆和滴漏盆。

約定時間已過，莊賈卻遲遲不到。穰苴幾次派人催促，直到黃昏時分，莊賈才帶著醉容到達營門。

穰苴問他為何不按時到軍營來。莊賈一臉無所謂，只說親戚朋友都來為他設宴餞行，他總得應酬應酬吧？

穰苴非常氣憤，斥責他身為國家大臣，負有監軍重任，卻只戀自己的小家，不以國家大事為重。但莊賈認為這只是區區小事，仗著自己是國王的寵臣親信，對穰苴的話不以為然。

穰苴當著全軍將士的面叫來軍法官問：「無故延誤時間，按照軍法應當如何處理？」

軍法官答道：「該斬！」

穰苴當即命令拿下莊賈。莊賈嚇得渾身發抖，隨從見勢不妙，連忙飛馬進宮，向齊景公報告情況，請求景公派人救命。在景公的使者趕到前，穰苴已經下令將莊賈斬首示眾。全軍將士看到主將敢殺違反軍令的大臣，個個嚇得發抖，誰還敢不遵將令。

此時景公的使臣飛馬闖入軍營，拿著景公的命令叫穰苴放了莊賈。穰苴沉著地應道：「將在外，君命有所不受。」

他見使臣驕狂，便又叫來軍法官問道：「亂在軍營跑馬，按軍法應當如何處理？」

軍法官答道：「該斬！」

使臣嚇得面如土色。

穰苴不慌不忙地說道：「君王派來的使者，可以不殺。」於是下令殺了他的隨從和馬匹，並毀掉馬車，令使者回去報告情況。

凡是高明的將領在管理軍隊時都應該做到令行禁止、法令嚴明，否則令出不行，士兵如一盤散沙，如何縱橫戰場衝鋒陷陣？

對管理者來說也是如此。商場如戰場，如果公司法制不明，員工不服從指揮，如同一盤散沙，如何跟眾多的競爭對手廝殺。所以，有時候管理者也需要採取一些類似「殺雞儆猴」的非常手段，屆此震懾人心，激勵士氣。

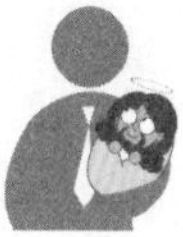

正視「小圈子」

在辦公室裡，同事們每天見面的時候最長，談話涉及內容最多，如何掌握同事間交往的分寸，就成了人際溝通不可忽視的一環。

人們都喜歡與和自己興趣愛好相近的人在一起，體現在職場中，就是三兩成群的小圈子。但是這種圈子多了，就會產生意想不到的影響。

麥奇剛進市場部不久，就發現這個十幾人所組成的部門裡有一個小圈子。這幾個人工作起來默契十足，但是對圈子外的人，則多少有點不配合，有時甚至暗中作梗。就連部門主管有時也睜一隻眼閉一隻眼。那個圈子核心人物的影響力，有時似乎比主管還大。

這些天，那個圈子裡的琳達不知道為什麼，突然跑來跟麥奇聊天，昨天問他父母的職業，今天問他有沒有女朋友。當她知道麥奇現在沒有女友時，馬上表示願意幫他介紹對象。

麥奇知道琳達是想拉自己進他們的小圈圈，他有些猶豫：如果不進他們的小圈子，今後工作中難免會遭到刁難；如果進入那個小圈子，自己又打從心裡厭惡這種成群結黨的行為。他有點不知所措。

在現代職場上，幾乎所有的公司都存在著兩種組織形式。在一個公司內部由上至下，有總經理、部門經理和員工，這種組織形式像個金字塔，並且是正式的組織關係。對於絕大多數職場工作者來說，他們承認這種組織形式，似乎也只知道這種組織形式。

然而在他們不知道或忽視的組織形式之外，其實在公司內部還同時存在著另一種形式的組織——也就是像麥奇所遇見的那個無形小圈子。這類小圈子雖是無形且非正式，但是對每個員工產生的影響力，在某種程度上並不亞於正式有形的組織。比如：你在辦公室裡過於積極或過於落後，某些同事就會排斥你，故意在工作時替你製造障礙，逼得你非與他們同流合污不可。這就是非正式和無形的組織會產生的作用。

人們常說人際關係就像張漁網：有經有緯，有縱有橫，缺了哪一塊都不行。如果將正式有形的組織形式比做縱向的「經」，那麼非正式無形的組織形式則是橫向的「緯」。如果員工在工作時，眼睛總是盯著老闆，完全聚焦在上下屬這種縱向關係，而忽視與同事之間的橫向關係，那麼就很難打好與同事之間的關係。如果與同事之間關係打不好，想做好自己的工作就有點難度了。

企業管理者對於這些小圈子，不能一味打壓。畢竟同事一起工作的時間久了，總會有幾個興趣和脾氣相投的人經常湊在一起吃飯聊天，這是人之常情。但管理者也不能太過放鬆警惕，如果這些「小圈子」演變成「小山頭」，開始玩起辦公室內鬥，就要及時處理，絕不姑息。

治理各方勢力，能「疏」就不「堵」

只要做過管理工作，就會對下述場景極為熟悉：老闆交代A主管負責某件事，但是這件事需要另一個部門的B主管配合。過了很久這件事都沒有辦妥，老闆很生氣，把A叫到辦公室準備訓一頓。但是A卻很委屈地向老闆投訴，這件事做不好不是他的錯，都怪B不合作，A也沒辦法。而如果把B叫來訓話，B也會說「我自己的事都忙不過來，哪有閒工夫管別人的事」。面對這種情況老闆訓也不是，罰也不是，只能乾瞪眼。

作爲一名公司的管理者，一定都希望各部門間能夠打破各擁山頭的

束縛，形成團結的局面。但現實似乎總是與理想相差甚遠，這些「美好願望」，充其量不過是一些遙不可及的「夢想」。

但是管理者絕對不能放棄，否則所有的事情就會像骨牌一樣迅速崩塌，一發不可收拾。管理者將會面對越來越難以對付、難以挽回的局面，只能眼巴巴地看著企業迅速衰落而束手無策。所以，面對公司「山頭林立」的局面，作爲管理者必需有所行動。這行動沒必要雷霆萬鈞、大動干戈，倒是可以參考大禹治水的方法，能「疏」就不「堵」。

金庸曾經說過：「有人的地方就有江湖，有江湖的地方就有爭鬥。」這是人性，到了任何環境一樣。有公司必有「山頭」，管理者想要跟「人性」作對，，絕無勝算。

所以，首先要坦率地承認這種現實，這是邁向解決問題的第一步。

其次，管理者要尋找「各山大王」間利益的交集部分，利用交集誘使他們彼此合作。只是耳提面命地要求「山大王」們了解「公司的利益高於一切」之類的大道理是行不通的。

最後，管理者要循循善誘地為「山大王」們洗腦，告訴他們「求人不如求己」的思維至關重要。

以文章開篇的故事為例。當「山大王」A因為「山大王」B沒有提供合作，而去找老闆投訴時，老闆可以給他兩條解決問題的線索。

首先，A是否有可能不依靠任何人，獨立完成那件工作？

這就意味著，儘管按照公司制度，那件工作理應由B來協助完成，但B出於種種原因不願提供有效的配合，致使事情難以獲得進展的時候，A就應該迅速忘掉公司制度，儘量以自身所擁有的資源去獨立完成工作。

一般來說，既然能當上「山大王」，就會有一些自己能夠動用的人力、財務資源，充分動用這些資源，未必解決不了問題。凡事都拿公司制度向對方叫陣，只會招致反感，不可能促使雙方真心實意地配合，終究還是只有耽誤事情的份。

其次，如果那件事非得依靠B的協助才能完成，A就應該嘗試跟B進行有效溝通，促使對方心甘情願地配合，而不是直接衝到老闆辦公室裡，這樣只會加劇各「山頭」之間的矛盾。

絕大部分的人在遇到需要別人協助的工作而去找負責人溝通時，往往都不能掌握好火候，或者根本找不到有效溝通的方法。要不就是低聲下氣，要不就是盛氣凌人，這樣的溝通很難取得效果，最後問題又推回給老闆，請求仲裁。

誠然，解決下屬力所不能及的問題，的確是管理者的職責。但是，有一個原則管理者必需遵守，那就是管理者不可輕易介入這些問題中。應該要培養下屬「尋找更好的溝通辦法」的能力。否則，下屬對管理者的依賴性會越來越強，他們永遠都不會有長進。

說到底，對付企業中的各個山頭，其實只有兩個要點：一是抓住他們之間的利益交集，二是促使他們之間有效溝通。

道「和」「氣」順才能生財

所有的企業管理者都想建立團結合作的企業文化，使員工在相互幫助、相互信賴、相互扶持的狀態下一起進步。然而在現實中，這種理想狀態並不常見，很多企業都存在內鬥現象，尤其在競爭關係明確的中階管理人員之間，最終使得這些管理者既做不好管理工作，還扯了企業的後腿。

作爲管理者，既然自己的關係都處理不好，又有什麼臉面和力量去管理下屬呢?企業的中階管理人員之間經常存在一些競爭，但這樣的競爭應該光明正大地進行，如果一味地排斥競爭對手，該合作時不合作，搞得企業內部烏煙瘴氣，就是愚蠢之舉了。

《孫子兵法》認爲，「道」是贏得戰爭的第一種因素。所謂的

「道」，就是讓企業內部員工尤其是管理者之間形成一致的價值觀。因爲只有員工之間緊密合作，形成強大力量，企業才能從容應對激烈競爭的市場環境。

西元前二八三年，藺相如完璧歸趙之後，又在澠池會上巧妙地跟秦王爭鬥，維護了趙國的尊嚴。趙王因他功勞卓著，就派任他為上卿，位居廉頗之上。

這樣一來，廉頗就惱火了。他對人說：「我在趙國做了多年的大將，為趙國立了不少的戰功。而藺相如出身低下，只是說了幾句話立了些功勞，就位居我之上，我實在感到沒臉見人。」他揚言，「我要是遇上藺相如，一定要羞辱他一番。」

藺相如聽說廉頗的話後，就處處刻意忍讓，儘量不與廉頗見面。每到早朝時，他就稱病不去。

有一次，藺相如乘車外出，碰巧遇上廉頗，連忙要僕人駕車轉向躲開他。

藺相如身邊的人看到這種情形都很生氣，說藺相如太軟弱了，不想再為他工作。藺相如堅決不讓他們走，並向他們解釋說：「你們想想看，秦王如此威嚴，我都敢在朝堂上當眾斥責。我藺相如再不中用，也不會懼怕廉頗將軍。我是在想，強大的秦國之所以不敢侵犯趙國，只是因為現今我們的文臣武將都能同心協力的緣故。我與廉頗將軍好比是兩隻老虎，兩虎相爭，結果必然不能共存。我之所以採取忍讓的態度，正是以國家的安危為優先的關係呀！」

不久，這些話就傳到廉頗耳裡了。他感到既悔恨又慚愧。為了表示自己認錯改過的誠意，他脫掉上衣，背上荊棘由賓客領著來到藺相如家裡請罪。

一見藺相如，廉頗就懇切地說：「我這個粗魯的人，不知道相國對我竟能如此的寬宏大量呀！」

從此，藺相如和廉頗這一相一將情誼更加深厚，結成了生死與共的朋

友。

正因爲藺相如的深明大義，與廉頗產生了一致的價值觀，並且成了生死與共的好朋友。兩位大臣的團結友好，使趙國的地位更加牢固。

企業也是一樣的，只有員工團結一致，互相信賴，互相扶持，不因爲內鬥而嚴重內耗，這個企業才能夠健康、快速地發展起來。

在企業的經營原則中，很重要的一點就是「和」。企業的成功需要每個員工的通力合作，只有大家團結一心，共同前進，才能成爲洋溢活力、韌性和剛性的團體，才能使得企業在和諧的氛圍中發展壯大。

個人英雄主義的時代已經一去不復返了，單靠個人的力量無法贏得市場的決勝權，只有借助他人的力量才能提升競爭力。因此，每個人都應該明白共贏思維，善於借助他人的力量，在成就他人的同時，也成就我們自己。

日常工作中由於個性的不同，管理者有時會與同級管理者之間有著一些小矛盾和小誤會。這個時候，絕對不能因此就與對方過不去，只顧著內鬥，到頭來不僅損害了企業的利益，就連自己的利益也會受到牽連。正確的處理方式是在矛盾出現時，主動召集大家一起溝通，在第一時間化解誤會，然後攜手爲企業貢獻自己的一份力量。企業壯大了，大家也會從中受益。

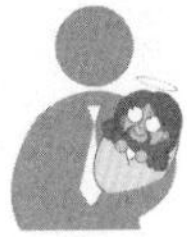

做企業，學狼不學狗

狼總是夾著尾巴，不像狗總是把尾巴翹得高高的。狗喜歡窩裡鬥，牠們見面就咬，一咬就得拼個你死我活。而狼不喜歡窩裡鬥，牠們不做無謂的犧牲。到了今天，狼在草原上肆意馳騁，狗的活躍範圍卻經常只是看家護院。

企業往往太過習慣於「窩裡鬥」，而不去跟巨頭競爭，結果是小企業們自己鬥得多敗俱傷。

因此，聯合起來變成「狼」也是一個很好的方式。可是願意聯合的又有幾家？沒有一家企業願意在市場上失去自己的領地！不能聯合成「狼」，只好窩裡鬥，最後只能成爲任人宰割的「羊」。

一個企業的管理階層絕對不能「窩裡鬥」，因爲這是在內耗，毫無建設和成長可言，而且會使員工手足無措。管理階層之間應該互補，而不是互相拆台。

如今，各大企業間普遍建立了互補型的領導結構，就是希望能夠集各人之長，發揮出最大的團隊優勢。互補型領導結構一般可以劃分爲四種類型：

一是任務互補，比如讓CEO負責對外事務，讓COO（首席運營官）負責內部管理，或者安排各高階幹部分管不同的業務或業務組合。

二是專長互補，比如Adobe公司的CEO有銷售和行銷背景，而公司總裁兼COO則有工程和產品背景。

三是認知互補，像Synopsys公司的CEO德戈伊斯和總裁兼COO陳志寬，雖然都有突出的技術專長，但前者是創意不斷的夢想家，後者是腳踏實地的實幹家。

四是角色互補，比如可口可樂公司的前CEO戈伊蘇埃塔負責與外部

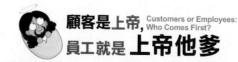

利益相關者打好關係，而當時的COO伊韋斯特的目標就是要擊垮百事可樂。這些管理階層的成員因爲能夠互補，因而使得各自的業績蒸蒸日上。

一些企業鉅子倒閉或者破產，大部分原因並不是因爲市場競爭激烈給了對手摧毀自己的機會，而是因爲自己的企業文化不再成爲員工的信仰，自己否定了自己。

沒有人會懷疑，真正能夠讓企業文化產生衰退現象的最大致命傷就是勾心鬥角。這樣的問題一旦出現，而負責人又不能及時「掐滅於未萌，避危於無形」，它就會傳染到每一個成員身上，並不斷滋生蔓延，進而影響整個企業文化的健全。

在一家公司裡，一般而言誰會是製造勾心鬥角企業文化的始作俑者？某集團的老闆說過一句很直白的話：「一個公司內部勾心鬥角的情況多或少，其實跟老闆有很大的關係。問題出在老闆給出了什麼導向，還有他打算怎麼營運這個循環系統。也許有一些人在某些單位裡，他不必把工作做好，只要把人際關係打好，就能坐到他想要的位置或者是得到他想要的待遇。」

所以，如果老闆能夠洞若觀火、明察秋毫，不給下屬勾心鬥角的機會和空間，就不會發生這種現象。所謂「上有所好，下必效焉」。

如何杜絕勾心鬥角的企業文化？這在很多企業家看來，是一件十分棘手頭疼的事情。很多人把西方管理學當做圭臬，嘗試過後才發現，恰恰是這種管理模式，讓人與人之間的距離變得越來越遠。員工之間依舊勾心鬥角，和諧文化的建立更加艱難，更遑論企業所辛苦培養出來的人才，是否真的能夠打從心底爲企業著想。

爲此，企業家本身應該期許自己能夠達到該有的品德，以及基本的做人標準。比如：對父母盡孝，對家人關心……等。倘若一個人對自己父母都不負責任，又怎麼能對他人負責？

「窩裡鬥」會導致內戰。團隊不團結就會毫無戰鬥力，緊接而來的就是遭到吞併和取代。家庭內鬥，就會兄弟反目、父子成仇、事業荒廢。各大企業若想持續超越自己，卻無法改善內鬥的問題，那超越就只能是一個遙遠的夢了。

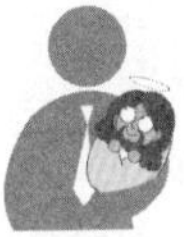

魔鬼藏在細節裡

「魔鬼藏在細節裡」這句話，幾乎和「顧客是上帝」這句話一樣，成爲企業界最經典的兩句名言。很多人天天掛在嘴上，卻沒人真的當一回事。尤其是「魔鬼藏在細節裡」，有多少管理者真正理解其含義？

有的管理者對「注重細節」僅有字面上的理解，並沒有深入研究，導致在管理上用故意找碴的方式體現，搞得公司上下怨聲載道。他們根本不知道，對細節緊抓不放，並不等於故意找碴，而是爲了防止推倒骨牌的第一張牌出現。

某公司要求每個員工都要按照標準著制服，女員工要把頭髮紮起來並戴上規定的髮飾。

幾位女員工立刻聯合起來向主管提出抗議：「太過分了，連紮不紮頭髮都要管！這是我們的自由，我們也有選擇自己愛好的權利！」

主管回應道：「公司的要求還有很多，比如染髮只能染深棕色系列、只能使用大地色系眼影等等，是不是也妨礙到了你們的權利？公司禁止穿牛仔褲上班，是否也妨礙了你們的權利？或者說，如果你們真的是身材曼妙，覺得只有比基尼最能展示美好身段的話，是不是公司也應該允許你們穿比基尼來上班？」

這位主管的回應看起來有點胡攪蠻纏，其實細想起來也頗有道理。銀行的營業員、空服員、五星級酒店的接待員都有同樣的形象要求，因為這樣代表著專業。該公司下達這樣的規定，也有其道理，絕對不是故意找碴。

除了上述幾名銷售人員外，這家公司裡其他很多員工也都認爲公司要求這些太過「細節」的制度，簡直就是找麻煩，因爲它看起來毫無用處。

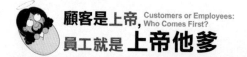

「紮不紮頭髮」和「做好工作」，之間到底有什麼關係？工作做好了不就對了嗎，你管我紮不紮頭髮呢？

這話聽起來好像很有道理，說出來也理直氣壯，但仔細想想根本站不住腳。不紮頭髮真的就能保證做好工作嗎？人的欲望是無窮的，得寸進尺幾乎是人的本能。公司今天允許女性員工不紮頭髮來上班，恐怕明天她們就會覺得穿制服也很礙事，不如穿便服；後天可能就會戴個大耳環來上班；大後天也許就真敢穿件比基尼現身了。到那時，想要好好工作也許就更難了。

注重細節不是爲了找麻煩，而是因爲如果管理者輕易放掉了一些細節，惰性與慣性就會悄悄地侵蝕員工的意識，其他的環節也會跟著不斷淪陷，直到整體變得一團糟爲止。

簡單點說，如果員工都開始忽略掉第一個細節之後，其他的環節也會像骨牌一樣迅速地崩塌，最終導致整個局面徹底混亂。這時如果管理者想挽回混亂的局面，也必需從一個一個的細節開始。這就好像是用雙手抓沙子，如果指縫閉得不緊，沙子就會一點一點地漏掉，最終兩手空空；如果緊閉十指，一粒沙子都不漏，最終就可以「滿載而歸」。

「千里之堤，潰於蟻穴」就是這個道理。所以，如果企業管理者希望員工始終保持適度的緊張感，持續以飽滿的精神狀態達成高效率的工作流程，就一定要從「注重細節」著手。

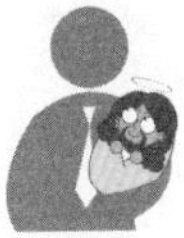

不要為了細節而沈溺於細節

有很多管理者明白「注重細節」的重要性，也的確將之落實到日常管理當中，但他們又很容易沉溺於細節，想要使細節變得更加完美，而在此過程中卻迷失了最初的目標，結果使工作一場糊塗。所以說，應該要重視細節，但是不要過分沉溺於細節。

「播慢一點。」組長對他說。

「播慢一點。」導播對他說。

「播慢一點。」經理對他說。

「播慢一點。」連在電視公司門口遇到總經理，也得到這麼一句建議。

「我播得並不快啊，」年輕主播心想，「我計算過了，別人播的字數跟我差不多，為什麼大家不說別的主播播得快，卻覺得我太快呢？」

為了找到問題的所在，年輕主播特意去拜訪了以前的新聞系教授。「我注意到你播新聞給人的感覺確實有點快，」教授一見面就說，「不過那不是因為講得快，而是因為你的氣有點急。」

「氣急？」年輕主播不懂，「我一點也沒有上氣不接下氣的感覺啊。」

教授笑笑，叫年輕主播坐下，從茶几抽屜裡掏出一本相簿。「來，先不談報新聞。你瞧瞧，我剛從墨西哥回來，這麼老了，還去爬馬雅人的金字塔呢，厲害吧？」教授指著一張照片，只見陡峭的塔階上，有一群人手腳並用地往上爬，教授正是其中一個。

「往上爬還好，往下爬才恐怖，」教授瞪大眼睛，「因為往下看時，每個台階都一樣窄，幾百階直通地面，一個不小心滾下去就完蛋了。學校後山比馬雅人的金字塔還高，但是比起來好爬多了。」說著翻到相簿的另一頁，「你瞧，連你師母都爬過了。」

「後山為什麼反而好爬呢？那兒比金字塔高兩倍也不止。」年輕主播問。

「後山的石階雖然也很陡，可是每隔一段路，就會有一塊比較寬的地方，可以讓人暫時休息休息。」教授指著照片說，「就算不小心滾下去，因為有比較寬的地方可以緩衝，心理上的感受也沒那麼可怕。」

接著教授笑笑說：「你想想看，凡是給人危險感的，像是柬埔寨的吳哥窟、馬雅的金字塔，都不見得是因為高，而是因為中間沒有留下讓人喘口氣的地方。」

年輕人似有所悟，從此他播新聞再也沒有給人急迫的感覺了。以前告誡過他的人，一個個豎起大拇指說：「播得太棒了，不疾不徐、字正腔圓。」沒多久，年輕主播就當選了最受歡迎的電視記者，許多新進的記者都因此去向他請教。

「說來其實不難，」年輕人說，「就像爬山一樣，別一直往前衝，走完一段路總要喘口氣。如果你一個勁地猛念稿子，中間沒有明顯的頓挫，就會讓人覺得氣急。你也可以播得很快，但是如果到專有名詞的地方能稍稍放緩一點，在段落與段落之間稍微做個停頓，甚至輕輕點個頭，笑一下，觀眾自然會覺得你很從容。」年輕人笑笑，接著說，「哪個喋喋不休的女人，能表現出風韻？哪個一刻不停的男人，能展現出風度？緊張當中要有節奏，忙碌當中要有休閒。繪畫時，在緊密當中要留個空白；歌唱時，在段落之間要換口氣。抓住這個細節，才能顯得從容，天下的道理其實都一樣啊！」

是啊，不要爲了細節而注重細節，因爲這樣也有可能適得其反。有些企業領導人容易太過沉溺，希望能使細節變得更加完美，在此過程中卻迷失了最初的目標，而把大部分時間花在細節的處理上。然而細節完美的結果，卻是整體工作一場糊塗。

在一場經理人的高峰會中，對於該重視細節還是重視決策，原本雙方各執己見，最後他們慢慢的達成了共識：那就是兩個方面都很重要，重點在於面對的什麼樣的情況。很多時候，企業領導人對細節的追捧不應該太過拘泥，應該首先專注於做正確的事情。千萬不要爲了細節而注重細節。

細節就是通往卓越的台階

所有企業的目標都是追求卓越。這目標看起來太大，而且遙不可及，其實想要落實，只有一個方法——苛求細節，做好每一件小事。卓越並非遙不可及，只要認真盡職地做好每一件小事，並做到精細，都可以到達卓越的頂峰。

賈伯斯就是一個非常重視細節的人，不管多大的事情，他都喜歡選擇一個微小的細節作為切入點。

在帶領團隊研發麥金塔電腦時，有一次賈伯斯走進了麥金塔電腦作業系統工程師拉里・凱尼恩的辦公室，並抱怨開機啟動的時間太長了。

凱尼恩開始解釋，但賈伯斯沒給他機會，直接打斷了他。賈伯斯問：「如果能救人一命的話，你願意想辦法讓啟動時間縮短十秒鐘嗎？」凱尼恩說願意。

於是，賈伯斯走到一塊白板前開始演示，如果有五百萬人使用Mac，而每天開機都要多用十秒鐘，加起來每年都要浪費大約三億分鐘，而三億分鐘相當於至少一百個人的終身壽命。

凱尼恩聽賈伯斯演示完後感到非常震驚。過了幾週賈伯斯再來找凱尼恩時，麥金塔電腦的啟動時間縮短了二十八秒。

賈伯斯的故事還給了人另一種啓發：一個人盡職盡責、追求完美，才會發掘出自身的潛力，取得優異的業績。而對待工作得過且過的人，縱然才華橫溢，也會逐漸流於平庸。所以，任何人都需要激發自身的潛力，以完美的狀態投入到工作中，這樣自然而然就會成爲公司裡的佼佼者。

在古羅馬，雕刻是一個很普遍的職業，如果一個人的家裡或工作場所沒有擺設雕刻藝品作為裝飾，就會被認為很落伍。有一位雕刻師被當地的人們稱為「雕刻聖人」，人們都以收藏他的作品為傲。

一次，有位學者想探求這位雕刻師之所以擁有如此精湛技藝的祕訣，「雕刻聖人」卻帶他來到了一間堆滿半成品的倉庫。學者感到不解，雕刻師告訴他：「我所有的作品並非都是鬼斧神工之作，人們之所以認為我的技藝精湛，只不過是因為我永遠不會讓這些劣質的作品從倉庫跑到商店裡去罷了。」

世間根本沒有什麼「聖人」，比爾‧蓋茲、賈伯斯、李嘉誠等，這些人的出現，均起因於一顆追求精益求精之心。企業管理者想取得成就，凡事都要高標準、嚴要求、盡心盡力、精益求精。只有這樣，才能取得別人難以獲得的成功。

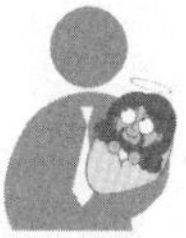

愛發脾氣的主管不是好主管

網路上流傳著一篇文章：「如果你有一個愛發脾氣的主管，你會怎麼辦？」

回應者絡繹不絕：

A說：「樓主，你就炒他魷魚。」

B說：「遠離他，讓他成為空頭司令！」

C說：「找一個最無理的時刻，讓他看看你也有脾氣，一定有效！」

D說：「不想挨罵，就跳槽囉！」

各路鄉民的回答，似乎都在表達一個相似的觀念，那就是愛發脾氣的主管最可恨。

作爲一個部門或者企業的負責人，掌握著權利的同時也承擔著巨大的工作壓力，他們所說的話都將成爲一種決策，代表著一種權威。很多時候，主管就是下屬的指標，下屬要依照主管的要求去完成工作。主管若希望在下屬中樹立威望，希望自己能在下屬心中產生震懾感，在工作進行得不順利或者在對下屬有所不滿時，就很有可能火山爆發。

但事實是，沒有人願意天天守著一座隨時可能會爆發的活火山。久而久之，員工對主管就會產生很大的成見，而主管對員工也會更不滿意，企業的工作環境必然因此受到影響，企業的利益就會受到威脅。

張伯倫是一家商貿企業的頂尖人物，做事迅速，不喜拘束。

這一天，他早早就完成了工作，便拿起一份報紙看了起來。這時外出開會的總經理回來了。一般來說，總經理對公司的人事很少過問，因此他對張伯倫也不是非常瞭解。就在他進來的同時，看見了張伯倫手裡的報紙，於是怒從中來。

「你們這群人一天到晚都在做些什麼？看看這辦公室亂得跟豬窩似的，你們每天領公司那麼多錢，卻只知道混日子，什麼都不會幹。公司雇你們是為了賺錢，不是養廢物。」

當時辦公室裡只有張伯倫在看報紙。這位鮮少露面的總經理脾氣不好這件事，雖然大家耳聞以久，張伯倫還是感到很不適應，他認為總經理在針對他。

他倏地站了起來，瞪著眼睛向總經理喊道：「你憑什麼說我是廢物！我按時上班，及時完成工作，從來沒有早退請假過，我策劃的專案也做得非常優秀！辦公室的環境衛生本來就有清潔人員收拾，與我何干？」

張伯倫因為一直受到部門經理的器重，所以對「尊重主管」的概念非常單薄，加上本來個性就直，受不得半點委屈。這時總經理只看到張伯倫表面上的閒散，誤以為他不務正業，本來就愛發脾氣的他，怎麼能容忍這些。

結果是張伯倫辭職了。之前已有別家公司大力想挖角他，他只不過是感念部門經理的賞識才沒有離開，但這一次的事件徹底讓他鐵了心。

張伯倫手中本來還有一個價值不菲的專案，巨額利潤現在只能拱手讓給別的公司了。他的前總經理只能扼腕嘆息，因為一時的脾氣火爆，讓他損失了一員大將，導致公司的利益莫名損失，實在是不智之舉。

懂得聚攏人心的主管，一定不會是愛發脾氣的主管。他們不會隨便讓自己的壞情緒影響到他人，進而影響到自己與他人之間的關係。成大事者必是自己情緒的主人，所以他們做事時冷靜沉著、不急不躁，不會因小事不順而氣急敗壞、落人笑柄。

東晉大臣王述是個性情急躁愛發脾氣的人。

王述喜歡吃滷蛋，經常把煮熟的雞蛋去殼，放在滷湯中煮，味道香極了。

這天，廚師又特地為他準備了滷蛋。看到又香又大的滷蛋，王述口水都要流下來了。他迫不及待地拿起筷子就夾，可是蛋太滑了，怎麼夾也夾不起來，這可氣壞了王述，腦門上不禁滲出一層細汗。於是，他乾脆用筷子叉。可是蛋很滑，他怎麼都叉不到。

王述連續試了幾次都不成功。這下他開始發脾氣了，再也沒有耐心去夾雞蛋。怒氣衝衝地把整盤雞蛋都掀到地上。雞蛋在地上滾來滾去還是沒有停，看著雞蛋不停地打滾，他的火氣更大了，氣急敗壞地穿上木屐去踩，但還是踩不到。

他氣得要命，於是找來廚師究責，無理取鬧地說是他挑的滷蛋有問題，專找又滑又圓的，還大聲訓斥了他。此後王家餐桌上再也沒有出現過滷蛋了。

王述愛發脾氣只讓他少了口福。如果是企業的領導人愛發脾氣，損失的就多了。員工會因爲主管脾氣捉摸不定，導致做事畏頭畏尾，不敢創新，甚至心生成見，對工作敷衍了事。這個結果對於企業來說，無疑是致命傷。

好脾氣，不嫌棄

胡適先生曾經說過：寬容比自由更重要。所謂寬容，是主管之於員工。精明的主管會在意每一個員工的發揮空間，而不是處處挑毛病，這才是真正的好脾氣。

主管總是要求員工提出一些建設性意見，卻往往輕蔑員工所提出的「非建設性意見」。這樣的嫌棄，讓很多員工喪失了主動提出意見的想法，變成被動地接受，於是企業決策慢慢脫離基層，失去實際意義。

從員工的角度來看，他們之所以閉口不言，是因爲擔心自己的意見與主管相悖，可能招來責罵。甚至有些公司的資深員工會與新進員工分享自己的經驗：「千萬不要對某某主管提出建議，他最恨員工自以爲是的高明意見。即使是他錯了，也不要指出來。」

這位主管無論如何也想不到自己的壞脾氣會換來如此多新舊員工的非議。他的不寬容，讓員工對他形成了成見，很難改變。在他每次犯下錯誤卻苦苦思考原因的時候，員工們沒有人敢主動幫助他；在他的錯誤管理方式讓公司利益受損的時候，員工們也沒有提出解決方案。只有主管孤軍奮戰，這樣的企業怎麼能變好變強？

東晉初年，大丞相王導對待下屬從不嫌棄。某年，一位下人因為家鄉大旱，顆粒無收，下人只好把家鄉的兒子帶回丞相宅院偷偷安置。不料被管家發現，兒子被管家揪著衣領站在丞相面前。下人自然如實承認，不敢有半點虛言。這位下人在丞相府工作十多年，深知飽讀詩書的優勢，所以他從小也要求兒子勤奮讀書。

丞相看下人的兒子長相靈氣，又會詩書，便對下人說：「你沒必要把兒子藏起來，就在我府中住下好好地生活吧，與府裡的孩童們一起讀書，以後定能為我所用。」

果不其然，下人的兒子非常聰慧，很快成為了丞相的心腹，為他解決了不少煩惱。

王導的寬恕與體恤，爲他帶來了充滿潛力的人才。一次的不嫌棄，換來一個人才。所以在企業裡，主管的人緣很重要，沒有人緣就會被孤立。人緣的取得，靠的就是不嫌棄。主管不嫌棄的作風，對於企業來說，無疑是拂動楊柳的春風，能夠喚起盎然的生機。

一家化妝品企業在各大院校招聘實習化妝師，薪資頗豐，引來數以百計的應徵者。

每位應徵者都精心裝扮過，一副胸有成竹的樣子，只有一個非常不起眼的女生，抱著對化妝品行業的熱情和憧憬前來面試。輪到她時，她並沒有驚慌，反而大方地說出自己對化妝品毫無研究，只是抱有一腔熱情。這個舉動引來了部分面試官的側目，然而有一名面試官對她很有好感，堅持留下了她。

如今，她已經是該公司的金牌化妝師，好多明星的妝容都出自她手。該化妝品公司也因她的名氣，一躍成為業內的佼佼者。

有一次，她好奇地問堅持留下她的面試官：「為什麼你當時沒有嫌棄我，還堅持留我下來？」

當年那位面試官就是她現在的主管，他說：「留下妳，是因為我看到了妳的潛力。我不嫌棄妳，是因為沒什麼好嫌棄，妳沒有不化妝不代表妳以後不精通化妝。」

這個面試官的不嫌棄，塑造了一個化妝達人。所以只要領導者不嫌棄，就可以迎來屬於自己企業的達人。只有主管的好脾氣和不嫌棄，才是員工的福利，企業的動力。

有能的主管不遷怒

在企業經營管理的過程中，爲了權責分明，一般而言主管都會針對失敗、投訴和損失追究員工責任，給予處罰。可是倘若企業主管過分追究員工責任，甚或冤枉員工，這樣的遷怒是否適當呢？會不會利用身爲主管的權力，把責任全部推到員工身上，讓員工啞巴吃黃蓮？這樣的情況要是成爲企業常態，那麼整個團隊將會慢慢地喪失執行力，怠於相互合作，員工關係也會越來越差。

很多時候，主管無故遷怒員工，自己卻很少反省改正，會爲企業帶來惡果。

一名商業罪犯在自白時提起一段經歷：當時他是公司高層主管的特別助理，平時做事精細嚴密，很少出差錯。

這位主管迷戀炒股票，投入了大量資金。那一年，股市正處於強勢，每天主管走進辦公室，都會對他稱讚有加。直到某一日，他一如既往地做完了分內工作，順手整理主管的桌子。只見主管氣勢洶洶地推開門，重重地坐在椅子上，嘴裡不住地謾罵那天的股市。他猜測到股市情況有異，於是開始加倍小心，一聲不吭。

這時主管突然急著想找某樣東西，滿頭大汗面目猙獰地看著他，對他嚴加訓斥：「我的檔案放到哪裡去了，股市偷我的錢，你偷我的案子！」

顯然，主管這時很不理性。可是他最聽不得「偷」這個字，他雖壓住了怒火，但隨時會爆發。主管急需宣洩的窗口，依舊罵他來出氣，污言穢語難聽之極，不停地說他「偷」東西。他一怒之下，把企業所有資料隨便賣給了一家公司，結果把自己也送進了監獄。

對於這位主管來說，他不僅失去了一名優秀員工，也失去了公司的機密資料。他毫無理由的遷怒，讓公司付出了慘重的代價。

一個有能的主管從不會輕易遷怒員工，而是自己承擔錯誤。

某企業主管在員工大會上進行企業文化的培訓演講。當天剛好祕書臨時請假，主管忘了這件事，初稿匆匆完成後就習慣性地丟在祕書的辦公桌上。演講當天，主管拿著未修改過的資料就上台了。

結果在播放投影片的過程中，出現了很多錯別字，現場氣氛變得很尷尬。但是該主管並沒有將錯誤推給祕書，而是鄭重地向所有的員工道歉。

他說：「我犯了兩個錯誤，一是因為個人最近很忙，初稿的製作就草草了事，沒有細究；二是我的習慣性思維讓我把修改的任務推給了祕書，而祕書早就請假不在，我卻忘記了。幻燈片上的每一個錯別字，都代表我的一個歉意，這也是我們企業文化的自我反省精神。」

員工們聽完，全場由衷地送上熱烈掌聲，這場企業文化的培訓演講，也顯得非常和諧。

企業主管不因自己的過錯遷怒於員工。不推卸自己的責任，更能贏得他人的尊重。

遷怒是一種情感的掠奪。遷怒者往往只注重自己的感受，而不知道要顧忌被遷怒者能否接受。遷怒者霸道，而被遷怒者無辜。當然每個人都可能曾是被遷怒的對象，同時又是遷怒人者。無論如何，遷怒所帶來的損害很大，甚至無法彌補。對於企業主管來說，千萬不應該遷怒，而要及時自我反省並承擔責任，做一個有涵養的主管。

付出與收穫相差最懸殊的工作——記住對方的名字

每個人對自己的名字都非常在意，記住人家的名字，而且很輕易的叫出來，就等於給予別人一個巧妙而有效的讚美。若是把人家的名字忘掉或根本寫錯了，你就會處於一種非常不利的地位。

我們應該注意一個名字所能包含的奇蹟，並且要瞭解名字是完全屬於與我們交往的這個人，沒有人能夠取代。名字能使他在許多人中顯得獨立。

有時候要記住名字還真是難，尤其當它不太好念時，一般人都不願意去記它，心想：「算了！就叫他的小名好了，而且容易記。」

推銷員錫得・李維拜訪了一個名字非常難念的顧客。他叫尼古得瑪斯・帕帕都拉斯。別人都只叫他「尼克」。

李維說：「在拜訪他之前，我特別用心地念了幾遍他的名字。當我向他打招呼，並稱呼他「尼古得瑪斯・帕帕都拉斯先生」時，他呆住了。幾分鐘內，他都沒有答話。

最後，眼淚滾下他的雙頰，他說：「李維先生，我在這個國家十五年了，從沒有一個人試著用我真正的名字來稱呼我。」

可見記住他人名字的重要性。在社交場合中，我們要注意去記住對方的名字。有位專家講過，要記住名字和面孔有三個原則：印象，重複，聯想。

一、印象

心理學家指出，人們的記憶力好不好，其實就是觀察力的問題。是否能夠記住名字，印象是首要原則。可是該怎麼正確地記住呢？如果沒有聽清對方的名字，恰當的說法是：「您能再重複一遍嗎？」如果還不能肯定，那麼正確的說法是：「抱歉，您可以告訴我怎麼寫嗎？」

二、重複

你是否曾經歷過剛剛才向你介紹的名字，在十分鐘之內就忘記了的情況？除非多重複幾遍，否則一般人都會忘記的。

在談話時記住別人名字，其中一個辦法就是在談話過程中使用他人的名字。比如，莫斯格拉夫先生，您是不是在費城出生的？如果某個名字較難發音，很多人都會採取迴避的方式，其實最好不要迴避，可以直接詢問對方：「您的名字我念得對嗎？」人們很願意幫助你把名字念對的。

三、聯想

我們該怎麼把需要記住的事物留在頭腦中呢？聯想是最重要的因素。

我們常常會因爲自己竟然還記得兒時發生的事而感到驚奇。

有一回卡內基開車到新澤西大西洋城的一個加油站加油，加油站的主人竟認出了他，其實他們上一次見面是在四十年前。這一點讓卡內基太吃驚了，因為以前他從未注意過這位先生。

「我叫查理斯・勞森，咱們曾經念過同一所學校。」他熱切地說道。卡內基並不太熟悉這個名字，還在想他會不會是搞錯了。

他見卡內基有些疑惑，就接著說：「你還記得比爾・格林嗎？還記得哈里・施密德嗎？」

「哈里！當然記得，他是我最好的朋友之一。」卡內基回答道。

「你忘了有一回天花大流行，貝爾尼小學停課，我們一群孩子就跑去法爾蒙德公園打棒球，那回我們還是同一隊呢？」

「勞森！」卡內基跳出汽車，使勁地和他握手。

這一幕恰恰是聯想的功用，有點像是魔術。

如果某個名字實在太難記了，不妨問問對方的來歷。許多人的名字背後都有一個浪漫的故事，很多人對於談自己的名字，比談論天氣更有興趣。

卡內基說過，多數人記不住別人的姓名，只是因爲他們沒有下足必要的功夫和精力去記憶。他們替自己找的藉口是：太忙。

企業的高階管理人員在生意場上接觸的對象大都是其他企業的高階幹部，既然如此就更應該用心記下對方的名字。空閒的時候，就在筆記本上寫下別人的名字、交往的日期以及主要事情等等，以幫助記憶。

管理者若能夠記住每一個員工的名字，也會讓員工感覺受到重視，不管是對管理者個人的認同還是對企業的忠誠感，都會大幅增加。用心記住每一個人的名字可能有點麻煩，但這點付出，跟背後的收穫相比，實在不算什麼。

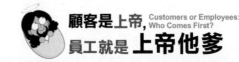

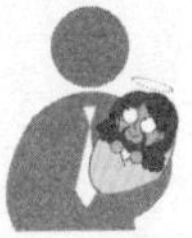

名字不僅僅是一個符號

只要稍微留心，便會發現身邊有許多用他人名字命名的事物，爲什麼會出現這樣的現象呢?有人說那是爲了紀念，除此之外，就是名字對於每個人的特殊重要性了。

安德魯·卡內基被稱為鋼鐵大王，但他自己本身對鋼鐵的製造卻懂得很少。他手下有好幾百個人，每個人都比他瞭解鋼鐵。

但是他知道怎樣為人處世，這就是他發大財的原因。他小時候就表現出這樣的才華，當他十歲的時候，發現人們把自己的姓名看得很重要。他便利用這項發現，去贏得別人的合作。

孩提時代，他在蘇格蘭抓到一隻兔子，那是一隻母兔。他很快就發現了一窩小兔子，但他沒有東西餵牠們，於他想出了一個很妙的辦法：他對附近的孩子們說，如果大家找到足夠的苜蓿和蒲公英餵飽那些兔子，他就以大家的名字來替小兔子命名。

這個方法太靈驗了，好幾年之後，他在商界也用上類似的方法賺了好幾百萬元。當時他希望把鋼鐵軌道賣給賓州鐵路公司，艾格•湯姆森正擔任該公司的董事長。因此，卡內基在匹茲堡建立了一座巨大的鋼鐵工廠，就取名為「艾格•湯姆森鋼鐵工廠」。

當卡內基和喬治•普爾門為臥車生意互相競爭的時候，這位鋼鐵大王又想起了那個關於兔子的經驗。

卡內基所掌控的中央交通公司，正在跟普爾門所掌控的公司爭奪生意。雙方都想得到聯合太平洋鐵路公司的訂單，你爭我奪，互相殺價，以致毫無利潤可言。有一回，卡內基和普爾門都來到紐約參加聯合太平洋的董事會。那天晚上，他們在聖尼可斯飯店碰了面，卡內基說：「晚安，普爾門先生，我們這樣豈不是在出自己的洋相嗎？」

「這句話怎麼講？」普爾門問道。

於是卡內基順勢把他的腹案說出來——將兩家公司合併。他把合作停止競爭的好處說得天花亂墜。普爾門在聽的過程中並沒有完全接受，最後問：「這個新公司要叫什麼呢？」

卡內基立即說：「普爾門皇宮臥車公司。」

普爾門的眼睛一亮。「到我房間來，」他說，「我們來討論一番。」這次討論，改寫了美國工業史。

安德魯・卡內基以能夠叫出許多員工的名字為傲。他很得意地說，在他擔任主管的時期，整個鋼鐵廠從未曾發生過罷工事件。

每個人都有屬於自己的名字，很多人終其一生只用一個名字，這是他生存與貢獻的全部標誌，因而人們對於名字的熱衷，是很常見的現象。

一名政治家所要學習的第一課是：「記住選民的名字就是政治才能，

記不住就是心不在焉。」富蘭克林．羅斯福總統就是一位如此出色的人。

克萊斯勒汽車公司為羅斯福先生製造了一輛特別的汽車，總經理張伯倫親自帶著一位技師將此車送交至白宮。

「當我到白宮訪問的時候」，張伯倫先生回憶道，「總統非常愉快，他直呼我的名字，使我感到非常安適。更令我留下深刻印象的是，他對我要說明的事項非常誠懇認真。這輛車設計完美，能完全用手駕駛，羅斯福對圍觀的那群人說：『我想這輛車非常奇妙，只要按一下開關，即可開動，你可以毫不費力地駕駛它。我覺得這輛車極好——我不懂它是如何運轉的，真願意有時間將它拆開，看看它是如何發動的。』

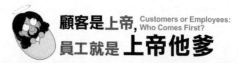

「當羅斯福的朋友及同仁們對這輛車表示羨慕時，他當著他們的面說：『張伯倫先生，我真感謝你，感謝你設計這輛車所花費的時間精力。這是一件傑出的工程！』他讚賞輻射器、特別的後照鏡、時鐘、車燈、椅墊的式樣、駕駛座位的位置和衣箱內不同標記的特別衣櫃。換言之，他注意到了每件細微的事情，他費了許多心思去瞭解這些情況，還特地引起羅斯福夫人、勞工部長及祕書波金女士的注意。他甚至還對老黑人侍者說：『喬治，你必需特別替我照顧好這些衣箱。』

「駕駛課程完畢之後，總統轉向我說：『好了，張伯倫先生，我想我要回去工作了。』

「那天隨同我到白宮去的還有一位技師，他的名字只有在一開始時連同所有人一起介紹。整段會面過程中，他並沒有和總統談話，羅斯福也只聽到他的名字一次而已。這位技師是個怕羞的人，一直都站在後面。但在離開以前，羅斯福總統的眼光找尋到這位技師，不但與他握手，並叫出他的名字，謝謝他到華盛頓來。總統的致謝絕非草率，的確非常真誠，我能感覺得到。

回到紐約數天之後，我接到羅斯福總統親筆簽名的照片，並附有簡短的致謝信，再次對我表示感激。他如何有時間這樣做，真令我感到奇妙無比！」

富蘭克林・羅斯福明白得到好感最重要的方法，就是記住別人的姓名，使別人覺得重要——但有多少人能這麼做呢？

所幸的是，總有一些幸運者知道這個祕密，爲羅斯福總統的競選做出過重大貢獻的吉姆・法里，就和總統一樣善於記住他人姓名。

一八九八年，紐約的洛克蘭郡發生了一場悲劇。

這一天，鄰人們都準備去參加一場葬禮。老吉姆・法里也走到馬房去為家人備馬。當時已經下了好長一段時間的雪，寒風凜冽，馬匹好幾天都沒有運動了。當馬兒被拉出來時候，歡欣鼓舞了起來，兩腿踢得高高的，結果父親當場就被踢死了。這個小鎮，在一星期內辦了兩場葬禮。

老法里先生留下了一個寡婦和三個孩子，以及幾百塊錢的保險金。身為長子的小吉姆・法里那時才只有十歲，為了家中的生活，來到一家磚廠打工。他負責把沙土倒入模子裡，壓成磚瓦，再拿到太陽下曬乾。小吉姆沒有機會受更多的教育，可是他有著愛爾蘭人達觀的性格，人們自然而然地都很喜歡他，願意跟他接近。小吉姆後來走上了參政之路，並逐漸養成善於記憶人名的特殊才能。

吉姆沒有進過中學，可是到四十六歲時已有四個大學贈予他榮譽學位。他當選為民主黨全國委員會主席，擔任過美國郵務總長。

有一次記者去採訪吉姆先生，向他請教成功祕訣。他簡短地告訴記者：「苦幹！」記者顯然對這個回答不滿意，就再次請教。吉姆就請記者分析他成功的原因，記者說他知道吉姆能叫出一萬個人的名字。

吉姆對這點進行了糾正，他說他大約可以叫出五萬個人的名字。在小吉姆・法里為一家石膏公司推銷產品的那幾年，還有他身為鎮上公務員的那幾年間，他建立了一套記住別人姓名的方法。

一開始那只是一個非常簡單的方法。每次他新認識一個人，就問清楚他的全名、家裡的人口、工作的行業以及政治觀點。他把這些資料全部記在腦海裡，等到第二次他又碰到那個人的時候，即使是在一年以後，他還是能夠拍拍對方的肩膀，詢問他的太太和孩子，以及他家後面的向日葵長得好不好。難怪有一群擁護他的人！

在羅斯福的總統競選活動正式展開前幾個月，吉姆一天便會寫數百封信，寄給美國西部和西北部各州的熟人朋友。而後，他便乘上火車，在十九天的旅途中，經過一萬兩千哩的行程，走遍二十個州。他除了坐火車外，也會用其他交通工具，像輕便馬車、汽車、輪船等。吉姆每到一個城鎮，都去找熟人誠懇的談話，接著再趕往下一段行程。當他回到東部時，立即寄給各城鎮的朋友每人一封信，請他們把曾經談過話的客人名單寄來給他。那些名單上不計其數的人們，也都得到吉姆・法里的信函，那些信都以「親愛的比爾」或「親愛的班」開頭，結尾總是簽上「吉姆」。

記住他人的名字並不是件非常困難的事，只要求我們多留點心而已。但是這樣做的效果卻非常顯著，管理者何不花點心思在這件小事上呢？

閱讀，能開闊心靈另一片天空。

讀品首選

人心隔肚皮—你不能不知的人性心理學

「場面話」是人性叢林裡的現象之一，而說「場面話」也是一種生存智慧，在人性叢林裡進出過一段時日的人都懂得說，也習慣說。這不是罪惡，也不是欺騙，而是一種「必要」。

「撇開道德的標準，謊言就是一種智慧」，所以有時說說一些無礙於原則與是非標準的場面話，也是一個人在紛紜複雜的社交場所立足的一種本能。

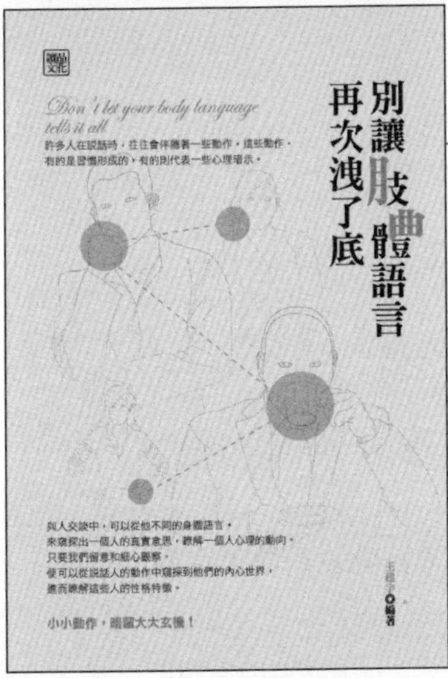

別讓肢體語言再次洩了底

許多人在說話時，往往會伴隨著一些動作，這些動作，有的是習慣形成的，有的則代表心理暗示。

與人交談可以從他不同的身體語言，來窺探出一個人的真實意思，瞭解一個人心理的動向。只要我們留意和細心觀察，便可以從說話人的動作中窺探到他們的內心世界，進而瞭解這些人的性格特徵。

小小動作，暗藏大大玄機！

"悅"讀，是遨遊世界的另一種方式。

▶ 顧客是上帝，員工就是上帝他爹 （讀品讀者回函卡）

■ 謝謝您購買本書，請詳細填寫本卡各欄後寄回，我們每月將抽選一百名回函讀者寄出精美禮物，並享有生日當月購書優惠！
想知道更多更即時的消息，請搜尋"永續圖書粉絲團"

■ 您也可以使用傳真或是掃描圖檔寄回公司信箱，謝謝。
傳真電話：（02）8647-3660　　信箱：yungjiuh@ms45.hinet.net

◆ 姓名：＿＿＿＿＿　□男　□女　　□單身　□已婚

◆ 生日：＿＿＿＿＿　□非會員　　□已是會員

◆ E-Mail：＿＿＿＿＿　電話：（　）＿＿＿＿

◆ 地址：＿＿＿＿＿

◆ 學歷：□高中及以下　□專科或大學　□研究所以上　□其他＿＿＿

◆ 職業：□學生　□資訊　□製造　□行銷　□服務　□金融
□傳播　□公教　□軍警　□自由　□家管　□其他＿＿＿

◆ 閱讀嗜好：□兩性　□心理　□勵志　□傳記　□文學　□健康
□財經　□企管　□行銷　□休閒　□小說　□其他＿＿＿

◆ 您平均一年購書：□ 5本以下　□ 6～10本　□ 11～20本
□ 21～30本以下　□ 30本以上

◆ 購買此書的金額：＿＿＿＿＿

◆ 購自：＿＿＿＿＿市(縣)
□連鎖書店　□一般書局　□量販店　□超商　□書展
□郵購　□網路訂購　□其他＿＿＿

◆ 您購買此書的原因：□書名　□作者　□內容　□封面
□版面設計　□其他＿＿＿

◆ 建議改進：□內容　□封面　□版面設計　□其他＿＿＿

您的建議：

剪下後傳真、掃描或寄回至「22103新北市汐止區大同路三段194號9樓之1讀品文化收」

廣 告 回 信
基隆郵局登記證
基隆廣字第 55 號

2 2 1-0 3

新北市汐止區大同路三段 194 號 9 樓之 1

讀品文化事業有限公司　收

電話/(02)8647-3663　傳真/(02)8647-3660
劃撥帳號/18669219　永續圖書有限公司

請沿此虛線對折免貼郵票或以傳真、掃描方式寄回本公司，謝謝！

讀好書品嘗人生的美味

顧客是上帝，員工就是上帝他爹